算数検定

親子ではじめよう

実用数学技能検定® 数検

算数検定

7級

公益財団法人 日本数学検定協会

まえがき

　このたびは，算数検定にご興味をお示しくださりありがとうございます。高学年のお子さま用として手に取っていただいた方が多いのではないでしょうか。

　さて，ちょっとした作業を2つしていただきたいのですがよろしいでしょうか。

　1つめとして，新聞を用意してください。そして，記事のなかにある“○○率”や“昨年の○倍”，“○○％”などの割合に関することばや数値に線を引いてもらいたいのです。いくつのワードを見つけることができたでしょうか？

　私たちが，実際に，ある新聞の2面と3面で探してみたところ，2面では27ワード，3面では32ワードという結果になりました。

　学校ではNIE（Newspaper in Education）活動として新聞を活用した教育が行われています。記事の本質を理解するうえで算数力を身につけておくことはたいへん重要です。

　2つめとして，お菓子の袋にある栄養成分表示を見てみてください。成分表示が1袋あたりになっているものもあれば，100gあたりのものなどもあります。100gあたりの場合，実際の内容量を確認して計算しなければ1袋分の成分量はわかりません。たとえば，スナック菓子はカロリーが気になるところですが，大きな袋1袋を全部食べてしまったときのカロリーは，場合によっては袋に表示されている数字の2倍以上になっている可能性もあり，注意が必要です。

　このように，算数力を身につけておくと，実生活において正確にものごとを把握することができたり，安全な生活の一助にすることができたりと，とても便利です。反対に，身につけていなければ抽象的な場面を具体的な場面でイメージすることができません。これからの社会で重要といわれている，具体と抽象の行き来が必要なデータ分析の仕事において，苦労することになるかもしれません。

　そのほかにも算数検定6～8級で扱われる単元は探究する力のベースになっていきます。さまざまな課題に向き合うための基礎訓練として，算数検定の活用をご検討ください。

公益財団法人 日本数学検定協会

目　次

別冊　ミニドリル

この本の使い方

この本は，親子で取り組むことができる問題集です。基本事項の説明，例題，練習問題の3ステップが4ページ単位で構成されているので，無理なく少しずつ進めることができます。おうちの方へ向けた役立つ情報も載せています。キャラクターたちのコメントも読みながら，楽しく学習しましょう。

私たちと一緒にがんばりましょう！よろしくね！

かくみみ

こかく

① 基本事項の説明を読む

単元ごとにポイントをわかりやすく説明しています。

単元の重要なポイントや公式をまとめています。

考え方のヒントや注意するポイントなどをアドバイスしています。

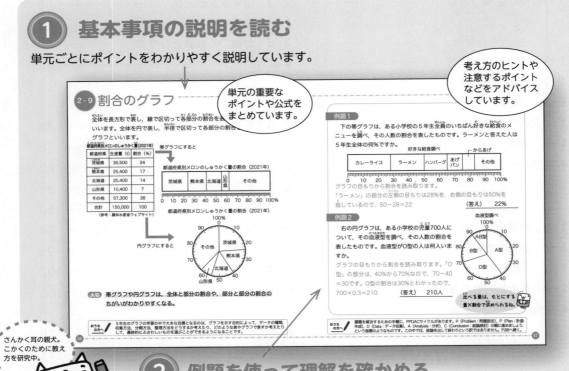

さんかく耳の親犬。こかくのために教え方を研究中。

② 例題を使って理解を確かめる

基本事項の説明で理解した内容を，例題を使って確認しましょう。キャラクターのコメントを読みながら学べます。

③ 練習問題を解く

各単元で学んだことを定着させるための，練習問題です。

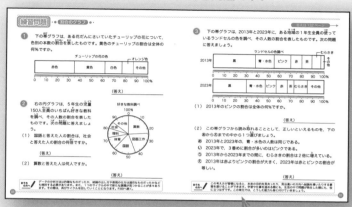

基本事項の説明や例題の解き方を思い出そう。

かくみみの子どもで，さんかく耳の子犬。自分の耳がさんかくなので，図形の勉強に興味津々。

④ おうちの方に向けた情報

教えるためのポイントなど，役立つ情報がたくさん載っています。

⑤ 算数パーク

算数をより楽しんでいただくために，計算めいろや数遊びなどの問題をのせています。親子でチャレンジしてみましょう。

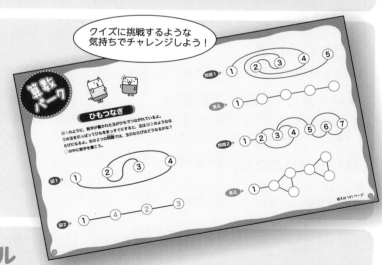

クイズに挑戦するような気持ちでチャレンジしよう！

⑥ 別冊ミニドリル

計算を中心とした問題を4回分収録しています。解答用紙がついているので，算数検定受検の練習にもなります。

検定概要

「実用数学技能検定」とは

「実用数学技能検定」(後援＝文部科学省。対象：1～11級)は,数学・算数の実用的な技能(計算・作図・表現・測定・整理・統計・証明)を測る「記述式」の検定で,公益財団法人日本数学検定協会が実施している全国レベルの実力・絶対評価システムです。

検定階級

1級,準1級,2級,準2級,3級,4級,5級,6級,7級,8級,9級,10級,11級,かず・かたち検定のゴールドスター,シルバースターがあります。おもに,数学領域である1級から5級までを「数学検定」と呼び,算数領域である6級から11級,かず・かたち検定までを「算数検定」と呼びます。

1次：計算技能検定／2次：数理技能検定

数学検定(1～5級)には,計算技能を測る「1次：計算技能検定」と数理応用技能を測る「2次：数理技能検定」があります。算数検定(6～11級,かず・かたち検定)には,1次・2次の区分はありません。

- -

「実用数学技能検定」の特長とメリット

①「記述式」の検定

解答を記述することで,答えに至る過程や結果について理解しているかどうかをみることができます。

②学年をまたぐ幅広い出題範囲

準1級から10級までの出題範囲は,目安となる学年とその下の学年の2学年分または3学年分にわたります。1年前,2年前に学習した内容の理解についても確認することができます。

③取り組みがかたちになる

検定合格者には「合格証」を発行します。算数検定では,合格点に満たない場合でも,「未来期待証」を発行し,算数の学習への取り組みを証します。

合格証

未来期待証

受検方法

受検方法によって，検定日や検定料，受検できる階級や申込方法などが異なります。
くわしくは公式サイトでご確認ください。

👤 個人受検

日曜日に年3回実施する個人受検A日程と，土曜日に実施する個人受検B日程があります。
個人受検B日程で実施する検定回や階級は，会場ごとに異なります。

👥 団体受検

団体受検とは，学校や学習塾などで受検する方法です。団体が選択した検定日に実施されます。
くわしくは学校や学習塾にお問い合わせください。

✏️ 検定日当日の持ち物

持ち物＼階級	1～5級 1次	1～5級 2次	6～8級	9～11級	かず・かたち検定
受検証(写真貼付)※1	必須	必須	必須	必須	
鉛筆またはシャープペンシル(黒のHB・B・2B)	必須	必須	必須	必須	必須
消しゴム	必須	必須	必須	必須	必須
ものさし(定規)		必須	必須	必須	
コンパス		必須	必須		
分度器			必須		
電卓(算盤)※2		使用可			

※1 団体受検では受検証は発行・送付されません。
※2 使用できる電卓の種類 ○一般的な電卓 ○関数電卓 ○グラフ電卓
　　通信機能や印刷機能をもつもの，携帯電話・スマートフォン・電子辞書・パソコンなどの電卓機能は使用できません。

階級の構成

	階級	構成	検定時間	出題数	合格基準	目安となる学年
数学検定	1級	1次：計算技能検定　2次：数理技能検定　があります。　はじめて受検するときは1次・2次両方を受検します。	1次：60分　2次：120分	1次：7問　2次：2題必須・5題より2題選択	1次：全問題の70%程度　2次：全問題の60%程度	大学程度・一般
数学検定	準1級					高校3年程度（数学Ⅲ・数学C程度）
数学検定	2級		1次：50分　2次：90分	1次：15問　2次：2題必須・5題より3題選択		高校2年程度（数学Ⅱ・数学B程度）
数学検定	準2級			1次：15問　2次：10問		高校1年程度（数学Ⅰ・数学A程度）
数学検定	3級		1次：50分　2次：60分	1次：30問　2次：20問		中学校3年程度
数学検定	4級					中学校2年程度
数学検定	5級					中学校1年程度
算数検定	6級	1次／2次の区分はありません。	50分	30問	全問題の70%程度	小学校6年程度
算数検定	7級					小学校5年程度
算数検定	8級					小学校4年程度
算数検定	9級		40分	20問		小学校3年程度
算数検定	10級					小学校2年程度
算数検定	11級					小学校1年程度
かず・かたち検定	ゴールドスター			15問	10問	幼児
かず・かたち検定	シルバースター					

7級の検定基準(抄)

検定の内容	技能の概要	目安となる学年
整数や小数の四則混合計算，約数・倍数，分数の加減，三角形・四角形の面積，三角形・四角形の内角の和，立方体・直方体の体積，平均，単位量あたりの大きさ，多角形，図形の合同，円周の長さ，角柱・円柱，簡単な比例，基本的なグラフの表現，割合や百分率の理解 など	**身近な生活に役立つ算数技能** ①コインの数や紙幣の枚数を数えることができ，金銭の計算や授受を確実に行うことができる。 ②複数の物の数や量の比較を円グラフや帯グラフなどで表示することができる。 ③消費税などを算出できる。	小学校5年程度
整数の四則混合計算，小数・同分母の分数の加減，概数の理解，長方形・正方形の面積，基本的な立体図形の理解，角の大きさ，平行・垂直の理解，平行四辺形・ひし形・台形の理解，表と折れ線グラフ，伴って変わる2つの数量の関係の理解，そろばんの使い方 など	**身近な生活に役立つ算数技能** ①都道府県人口の比較ができる。 ②部屋，家の広さを算出することができる。 ③単位あたりの料金から代金が計算できる。	小学校4年程度

7級の検定内容の構造

小学校5年程度	小学校4年程度	特有問題
45%	45%	10%

※割合はおおよその目安です。
※検定内容の10％にあたる問題は，実用数学技能検定特有の問題です。

問題

大きい数

	3	7	2	1	6	5	4	9	0	0	0	0	0	0	0
千兆の位	百兆の位	十兆の位	一兆の位	千億の位	百億の位	十億の位	一億の位	千万の位	百万の位	十万の位	一万の位	千の位	百の位	十の位	一の位

372165490000000は「三百七十二兆千六百五十四億九千万」と読みます。

大切 1000万が10個で1億，1000億が10個で1兆。

概数

およその数のことを概数といい，「約」や「およそ」をつけて表します。

| 百の位までの概数 | 75823→約75800 十の位を四捨五入します。

| 上から2けたの概数 | 75823→約76000 上から3けためを四捨五入します。

大切 四捨五入…0，1，2，3，4のときは，切り捨て

5，6，7，8，9のときは，切り上げ。

数のはんい

350　400　450　500　550　600　650

400になる　　500になる　　600になる
はんい　　　　はんい　　　　はんい

十の位を四捨五入して500になる
はんいは450以上550未満
→450から549までの整数

大切 以上…100以上とは，100と等しいか，100より大きい数。

以下…100以下とは，100と等しいか，100より小さい数。

未満…100未満とは，100より小さい数。

> **おうちの方へ** 4年生で学習する"大きい数"では，一億の位以上の数を扱い，いちばん大きい位は千兆の位になります。億以上の位は，一万の位から千万の位と同様，一億の位，十億の位，…と位が変わっていきます。また，同じように，千億を10個集めると一兆になることを確認しておきましょう。

例題1

次の問題に答えましょう。

（1）　1億を534個集めた数を，数字だけで書きましょう。

（2）　5兆6000億を10倍した数を，数字だけで書きましょう。

（1）

5	3	4	0	0	0	0	0	0	0	0
千億の位	百億の位	十億の位	一億の位	千万の位	百万の位	十万の位	一万の位	千の位	百の位	十の位	一の位

（答え）　53400000000

（2）　整数を10倍すると，位が1つ上がります。

（答え）　56000000000000

例題2

あるコンサートの入場者数は，土曜日が38653人，日曜日が43267人でした。2日間の入場者数はおよそ何人ですか。千の位までのがい数で求めましょう。

土曜日と日曜日の入場者数を，それぞれ千の位までの概数で表すと，土曜日は39000人，日曜日は43000人です。

2日間の入場者数は，

39000＋43000＝82000で，82000人です。

（答え）　82000人

> 千の位までの概数だから，百の位を四捨五入すればよいね。

おうちの方へ　概数は，①くわしい数値がわかっていても目的に応じて大雑把な値で表す場合，②グラフなどでおよその比較をする場合，③ある瞬間の本当の数値を確認するのが難しい場合，などがあります。③の場面は，国の人口などがあります。

1 下の数直線を見て，次の問題に答えましょう。

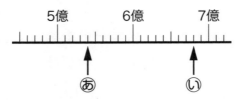

（1） あの目もりが表す数は，いくつですか。

(答え) _____

（2） いの目もりが表す数を10倍にした数を答えましょう。

(答え) _____

2 　0，0，1，1，2，3，4，5，6，7，8，9の12個の数字を1回ずつ使って，12けたの整数をつくります。次の問題に答えましょう。

（1） いちばん大きい整数を答えましょう。

(答え) _____

（2） いちばん小さい整数を答えましょう。

(答え) _____

おうち
の方へ　②（2）では，0を使った上で，いちばん小さい整数をつくります。12個の数字の中で1番めと2番めに小さい数は0ですが，0は，その位に値がないことを示す数字です。いちばん大きい位に値がなければ，何も書く必要がないので，0がいちばん大きい位にくることはありません。

3 ある町の1年間の支出は，7235984587円で，そのうち，土木費（道路や公園などの管理に使ったお金）は593687954円でした。次の問題に答えましょう。

（1） 1年間の支出を，一億の位までの概数で表すと，およそ何円ですか。

（答え）＿＿＿＿＿＿＿＿＿＿＿

（2） 土木費を，百万の位までの概数で表すと，およそ何円ですか。

（答え）＿＿＿＿＿＿＿＿＿＿＿

4 パソコンのねだんは97658円，プリンターのねだんは26580円です。パソコンのねだんは，プリンターのねだんよりおよそ何円高いですか。上から2けたの概数で求めましょう。

（答え）＿＿＿＿＿＿＿＿＿＿＿

5 さおりさんが住んでいる市の人口を，一万の位までの概数で表すと，およそ1170000人です。さおりさんの住んでいる市の人口は，何人以上何人未満ですか。

（答え）＿＿＿＿＿＿＿＿＿＿＿

おうちの方へ 目的に合わせた概数にする場面はさまざまです。たとえば，地域の複数の図書館の蔵書数などが挙げられます。「Aの図書館の蔵書数は9万冊，Bの図書館の蔵書数は7万冊だから，少し遠いけれどAの図書館のほうに行こう」などと判断することができます。

整数のわり算

わり算の筆算は，大きい位から たてる → かける → ひく → おろす の順で計算します。

84÷6の計算

6)84
1
6

8÷6で，
十の位に
1をたてる
6と1をかける

→

6)8④
1
6
2 4

8から6をひく
一の位の
4をおろす

→

6)84
14
6
2 4
2 4

24÷6で，
十の位に4をたてる
6と4をかける

→

6)84
14
6
2 4
2 4
0

24から24をひく

851÷24の計算

24)851
□

8÷24なので
百の位に商は
たたない

→

24)851
3
7 2
1 3

85÷24は考えられるので
十の位に3をたてる
24と3をかける
85から72をひく

→

24)85①
3 5
7 2
1 3 1
1 2 0
1 1 ←あまり

一の位の1をおろす
131÷24で，一の位
に5をたてる
24と5をかける
131から120をひく

大切 2けたの数でわる計算は，かんたんな数の計算とみて，商の見当を付ける。

おうち
の方へ

わり算の筆算は他の演算と違い，上の位から計算し，筆算の書き方も独特です。わられる数の上に商を"たてる"，わる数と商を"かける"，わられる数の下で"ひく"，その横に次の位を"おろす"の手順です。ゆっくり言葉で確認しながら計算するよう声をかけましょう。

例題1

92÷4の計算をしましょう。

```
    2              23              23
4)9 2    ➡    4)9②    ➡    4)9 2
  8              8↓            8
  1             12           12
               12           12
                             0
```

9÷4で，
十の位に
2をたてる
4と2をかける
9から8をひく

一の位の2をおろす
12÷4で，一の位に
3をたてる
4と3をかける

12から12をひく

たてる→かける→ひく→おろすの順に，上の位から計算しよう。

（答え）　　23

例題2

2645÷35の計算をしましょう。
商は整数で求め，あまりも出しましょう。

```
   □□               7                75
35)2645    ➡    35)2645    ➡    35)264⑤
                   245              245↓
                    19             195
                                   175
                                    20
                                     ↑
                                    あまり
```

2÷35なので，
千の位に商はた
たない
26÷35だから，
百の位に商はた
たない

264÷35は考えられるので
十の位に7をたてる
35と7をかける
264から245をひく

一の位の5をおろす
195÷35で，一の位
に5をたてる
35と5をかける
195から175をひく

見当を付けた商が小さすぎたときは，1大きくすればよいよ。

```
      ⑥
35)2645
   210
    54
     ↓
      ⑦
35)2645
   245
    19
```
1大きく

（答え）75あまり20

1 次の計算をしましょう。商は整数で求め，あまりがあるときは，あまりも出しましょう。

（1） 168÷7

（2） 980÷28

（答え）＿＿＿＿＿＿＿＿＿

（答え）＿＿＿＿＿＿＿＿＿

（3） 492÷54

（4） 1976÷26

（答え）＿＿＿＿＿＿＿＿＿

（答え）＿＿＿＿＿＿＿＿＿

2 ひろきさんは，あめを98個買いました。このあめを8個ずつふくろに入れると，何ふくろできて，あめは何個あまりますか。

（答え）＿＿＿＿＿＿＿＿＿＿＿＿＿

 おうちの方へ　わり算の計算結果が出たら，求めた商やあまりが正しいか確かめるように促しましょう。わり算の検算は，わり切れる場合が"わる数×商＝わられる数"，あまりのでる場合が"わる数×商＋あまり＝わられる数"でできます。

答えは113ページ →

③　メモ用紙が765まいあります。次の問題に答えましょう。

（1）　9つのふうとうに同じまい数ずつ入れると，1つのふうとうにはメモ用紙は何まい入りますか。

（答え）＿＿＿＿＿＿＿＿

（2）　このメモ用紙を，1日に29まいずつ使うと，使い終わるのに何日かかりますか。

（答え）＿＿＿＿＿＿＿＿

④　かずまさんは2800円，弟は1820円持って買い物に行きました。次の問題に答えましょう。

（1）　かずまさんは，持っていたお金を全部使って，同じねだんのノートを16さつ買いました。ノート1さつのねだんは何円ですか。

（答え）＿＿＿＿＿＿＿＿

（2）　弟は，持っているお金を使って，1本126円のボールペンをできるだけたくさん買うことにしました。ボールペンは何本買えますか。

（答え）＿＿＿＿＿＿＿＿

おうちの方へ　③（2）はわり算をして商とあまりを出し，商に1をたす必要があります。言葉の解説で理解が難しいようならば，実際に紙をめくりながら確認してみましょう。問題と同じ枚数を準備する必要はありません。わり切れない枚数で問題をつくり，あまった紙はどうするか考えてもらいます。

角の大きさ

角の大きさのことを角度といいます。直角を90に等しく分けた1つ分の角の大きさを1度といい，1°と書きます。

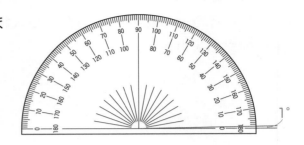

角の大きさを測るには，分度器を使います。

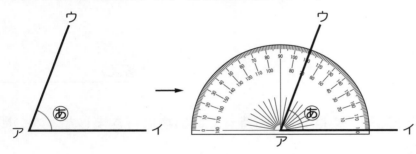

① 分度器の中心を角の頂点アに合わせ，0°の線を辺アイに合わせる
② 辺アウが重なっている目もりを読む

三角定規の角度は，右の図のようになっています。

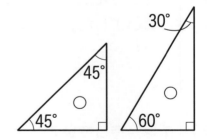

おうちの方へ　3年生で2つの辺が作る形が"角"であることを学びますが，4年生では角の大きさを測定したり計算したりすることを学びます。分度器で角度を測るときは，角の頂点と分度器の中心，辺と分度器の0°の線をぴったり合わせることが大切です。

例題1

右の図で，あの角の大きさは何度ですか。

分度器を使って測りましょう。

あの角度が，180°より何度大きいか考えます。

いの角度を測ると，70°です。

あの角度は，180°より70°大きいので，

180°＋70°＝250°

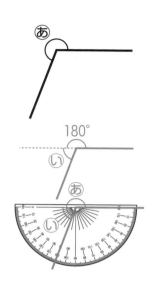

(答え) ___250°___

例題2

1組の三角定規のそれぞれの角の大きさは，図1のようになっています。
図2のように，1組の三角定規を組み合わせました。あの角の大きさは何
度ですか。

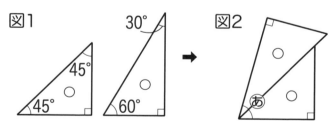

あの角は，30°と45°を合わせた角なので，

30°＋45°＝75°

(答え) ___75°___

**おうち
の方へ** 例題2では三角定規の角度を使います。三角定規の角度を図に書き込みながら考えてみてくださ
い。三角定規の角度は覚えてしまってもよいでしょう。"30°より大きいが60°より小さい角度に
見える"など，角度の感覚を養うことができます。

1 次の図の**あ**，**い**の角の大きさは，それぞれ何度ですか。分度器を使って測りましょう。

（1）

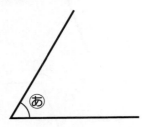

（2）

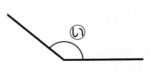

（答え）_____

（答え）_____

2 次の図の**あ**，**い**の角の大きさは，それぞれ何度ですか。分度器を使って測りましょう。

（1） **あ**

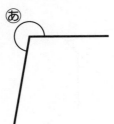

（2） **い**

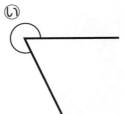

（答え）_____

（答え）_____

おうち
の方へ
分度器を使った角度の測定をたくさん練習してください。角をつくる直線を2本引いてあげて，角度を測ってもらいます。最初は，"30°" や "70°" など，きりのよい角度で角をつくり，練習問題としてみてください。慣れてきたら適当に角をつくり，一緒に測って確認しましょう。

答えは114ページ

3 1組の三角定規のそれぞれの角の大きさは，図1のようになっています。（1）から（4）までの図のように，1組の三角定規を組み合わせました。㋐から㋓までの角の大きさはそれぞれ何度ですか。

図1

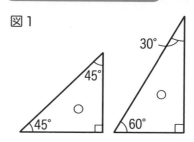

（1）
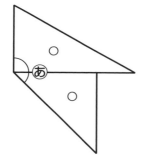

（答え）_____

（2）
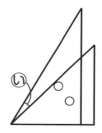

（答え）_____

（3）
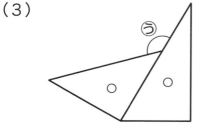

（答え）_____

（4）
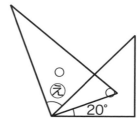

（答え）_____

おうちの方へ 三角定規の角度を使った角度の計算は，③以外にも考えられます。手元にある三角定規を使って，いろいろに組み合わせてみてください。問題を出し合ってもよいでしょう。また，同じ角度の部分で違う組み合わせ方もできます。何回も組み合わせを考えるうちに気付けるとよいです。

1-4 折れ線グラフと表

折れ線グラフ

変わっていくもののようすを表すときは，折れ線グラフを使います。

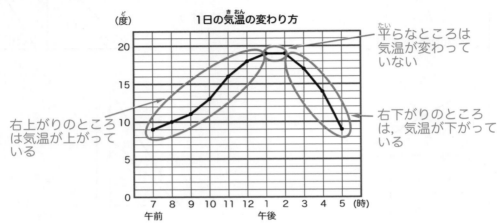

1日の気温の変わり方

平らなところは気温が変わっていない

右上がりのところは気温が上がっている

右下がりのところは，気温が下がっている

大切 線のかたむきが急であるほど変わり方が大きい。

分類した表

右の表で，⑦から⑤まではそれぞれ

⑦…赤も青も好きな人の数

④…赤は好きで，青はきらいな人の数

⑦…赤はきらいで，青は好きな人の数

⑤…赤も青もきらいな人の数を表しています。

赤と青の好ききらい調べ　（人）

		青		合計
		好き	きらい	
赤	好き	⑦16	④7	23
	きらい	⑦6	⑤5	11
	合計	22	12	34

大切 ２つのことがらについて調べたときは，分類して表に整理するとわかりやすくなる。

おうちの方へ ３年生では棒グラフを学びましたが，４年生では折れ線グラフを学び，統計の学習をさらに進めていきます。折れ線グラフは，時系列のデータなど，移り変わりを示すときに有効なグラフです。健康のための体調管理や，スポーツの記録管理など，日常生活でもよく利用されています。

例題1

右の折れ線グラフは，ある日の気温と池の水温の変わり方を表したものです。気温と池の水温のちがいがいちばん大きいのは，何時ですか。また，そのときのちがいは何度ですか。

それぞれの時こくで2つのグラフが何目もりはなれているかを読めば，気温と池の水温のちがいがわかります。2つのグラフがいちばんはなれているのは，午前12時です。5目もりはなれています。

（答え）午前12時，ちがいは5度

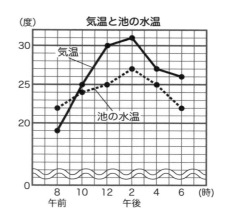

〰〰を使って，とちゅうの目もりを省くことができるね。

例題2

右の表は，なつみさんのクラス全員について，妹と弟がいるかどうかを調べてまとめたものです。妹も弟もいる人は何人ですか。

表の㋐に入る数を求めます。

㋑＋21＝30なので，㋑は，30－21＝9

㋐＋6＝㋑で，㋐＋6＝9なので，㋐は，9－6＝3

（答え）　3人

妹と弟がいるかいないか調べ　（人）

		弟		合計
		いる	いない	
妹	いる	㋐		
	いない	6		20
合計		㋑	21	30

おうちの方へ　二次元表は，2つの観点を組み合わせて整理する表です。例題2では，妹がいる人といない人，弟がいる人といない人を整理します。P.24の解説と同じように，すべてのマスについて，何を表しているか確認しておきましょう。表の読み取りの練習になります。

1 右の折れ線グラフは，３月に生まれた赤ちゃんの，４月から９月までの毎月１日に量った体重の変わり方を表したものです。次の問題に答えましょう。

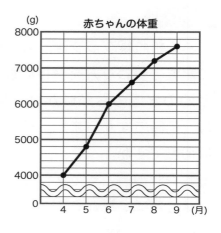

(1) ７月の体重は何gですか。

（答え）_____

(2) 体重の増え方がいちばん大きいのは，何月から何月までの間ですか。

（答え）_____

2 右のグラフは，ある市の気温の変わり方を折れ線グラフで，こう水量をぼうグラフで表したものです。このグラフについて，正しいといえるものを，下の⑦，⑦，⑦の中から１つ選びましょう。

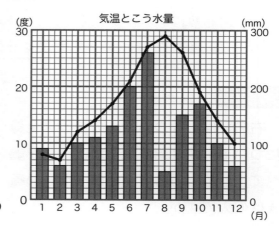

⑦ 気温が上がると，いつでもこう水量は増える。

⑦ 気温が下がると，いつでもこう水量は減る。

⑦ 気温がいちばん高い月は，こう水量がいちばん少ない。

（答え）_____

おうちの方へ ②は，折れ線グラフと棒グラフを１つにまとめたグラフの問題です。「○月の気温は何度？」「○月と○月の降水量はどっちがどれだけ多い？」など，それぞれのグラフについてや，「なんで１つにまとめるのかな？」など，グラフの表現の仕方についてなど話し合ってみてください。

答えは115ページ →

③ 右の表は，こうきさんのクラス30人全員について，犬とねこを飼っているかどうかを調べて，その結果をまとめたものです。次の問題に答えましょう。

ペット調べ （人）

| | | ねこ | | 合計 |
		飼っている	飼っていない	
犬	飼っている	⑦	8	
	飼っていない	5		④
	合計	7		30

（1） ⑦にあてはまる数を答えましょう。

（答え）

（2） ④にあてはまる数を答えましょう。　　（答え）

④ 右の表は，あかねさんの学校の5年生全員について，ハンカチとティッシュを持っているかどうかを調べて，その結果をまとめたものです。次の問題に答えましょう。

持ち物調べ （人）

| | | ティッシュ | | 合計 |
		持っている	持っていない	
ハンカチ	持っている	38		53
	持っていない		20	
	合計			85

（1） ハンカチは持っていて，ティッシュは持っていない人は何人ですか。

（答え）

（2） ティッシュを持っている人は全部で何人ですか。

（答え）

おうちの方へ　身のまわりのものについて，一緒に二次元表を使って整理する練習をしてみましょう。たとえば，衣服を2つの観点で整理する場面が考えられます。1つは上か下か，もう1つは春夏用か秋冬用かなどでまとめてみましょう。

垂直・平行・四角形

垂直・平行

2本の直線が交わってできる角が直角のとき，この2本の直線は，垂直であるといいます。
1本の直線に垂直な2本の直線は，平行であるといいます。

大切 平行な2本の直線のはばは，どこも等しい。平行な2本の直線は，どこまでのばしても交わらない。平行な2本の直線は，他の直線と等しい角度で交わる。

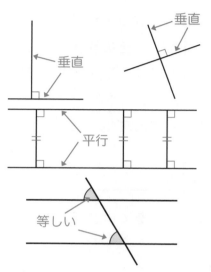

四角形

向かい合う1組の辺が平行な四角形を，台形といいます。
向かい合う2組の辺が平行な四角形を，平行四辺形といいます。
4つの辺の長さがすべて等しい四角形を，ひし形といいます。

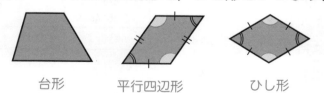

台形　　　平行四辺形　　　ひし形

大切 平行四辺形の，向かい合う辺の長さは等しく，向かい合う角の大きさは等しい。
ひし形の，向かい合う辺は平行で，向かい合う角の大きさは等しい。

 おうちの方へ　日常生活で，"垂直"や"平行"という言葉が出てくる機会は少ないかもしれませんが，垂直であるものや平行であるものは，たくさん見つけられます。たとえば，大学ノートなどの罫線は平行です。三角定規の直角の部分や分度器をあてて確認してみましょう。

例題1

右の図について，次の問題に答えましょう。

（1） 直線⑥に垂直な直線を答えましょう。

（2） 平行になっている直線を答えましょう。

（3） 等しい角を⑦，①，⑦から選びましょう。

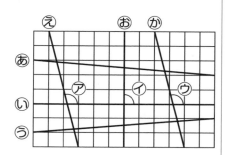

（1） 直線⑥と直線⑥が交わる角（①）は直角です。 （答え）直線⑥

（2） 直線⑤と直線⑥は，はばがどこも等しく，どこまでのばしても交わりません。 （答え）直線⑤と直線⑥

（3） 平行な２本の直線は，他の直線と等しい角度で交わるので，⑦の角と⑦の角の大きさは等しくなっています。 （答え）⑦の角と⑦の角

例題2

２本の対角線の長さが等しい四角形を，下の⑥から⑥までの中から全部選びましょう。

⑥ 平行四辺形 　 ⑥ ひし形 　 ⑤ 長方形 　 ⑥ 正方形

⑥ 平行四辺形 　 ⑥ ひし形 　 ⑤ 長方形 　 ⑥ 正方形

２本の対角線の長さが等しい四角形は，長方形と正方形です。

（答え） ⑤，⑥

おうち
の方へ

例題１（２）では，ます目を数えて平行かどうかを判断します。⑤は，"右に１マスで，下に４マス"，⑥も"右に１マスで下に４マス"の直線なので，たがいに平行とわかります。それぞれの直線を１つずつ確認するよう声をかけてみてください。

① 右の図について，次の問題に
答えましょう。

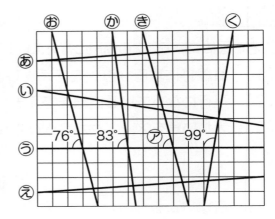

(1) 直線⑩に垂直な直線を答えま
しょう。

（答え）＿＿＿＿＿＿＿＿＿

(2) 平行になっている直線を２組
答えましょう。

（答え）＿＿＿＿＿＿＿＿＿＿＿＿＿＿

(3) ㋐の角の大きさは何度ですか。

（答え）＿＿＿＿＿＿＿＿

② 次の（1），（2）にあてはまる四角形を，下の⑩から㋔までの中からそ
れぞれ全部選びましょう。

　⑩ 台形　　　⑪ 平行四辺形　　　⑰ ひし形　　㋒ 長方形　　㋔ 正方形

(1) ４つの辺の長さがすべて等しい四角形

（答え）＿＿＿＿＿＿＿＿

(2) ２本の対角線がそれぞれの真ん中の点で交わる四角形

（答え）＿＿＿＿＿＿＿＿

おうち
の方へ　②は，あてはまる四角形が複数あります。P.28の四角形の特徴を見直しながら，⑩から㋔まで
の四角形を１つずつ見ていきましょう。簡単にできたら，「向かい合う２組の辺が平行なのはど
れ？」や「向かい合う辺が１組だけ平行なのはどれ？」などと，問題を出してみてください。

答えは 116 ページ →

③ 右の図の平行四辺形ABCDについて，次の問題に答えましょう。

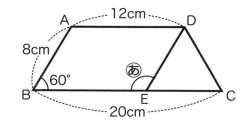

（1） 辺CDの長さは何cmですか。

（答え）_____

（2） あの角の大きさは何度ですか。

（答え）_____

（3） あの角とⓘの角の大きさの和は何度ですか。

（答え）_____

④ 右の図で，四角形ABCDは台形で，四角形ABEDの辺ABと辺DEは平行です。次の問題に答えましょう。

（1） 辺DEの長さは何cmですか。

（答え）_____

（2） 直線CEの長さは何cmですか。

（答え）_____

（3） あの角の大きさは何度ですか。

（答え）_____

③と④は，平行四辺形や台形の特徴を使って解く問題です。難しいようなら，P.28の四角形の特徴をもう一度確認してください。④は，四角形ABEDが平行四辺形であることがわかる必要があります。向かい合う2組の辺が平行であることに気づけるよう誘導してみましょう。

算数パーク

線結び

下の図のわくからはみ出ないようにAとA，BとB，CとCを
線で結んでみよう。ただし，線は交わってはいけないよ。

		A		
		B		
C				C
		A		
		B		

あみだくじ

下のあみだくじで，Ａの位置を選ぶと×のところに行って
しまうよ。そこで，Ａを選んでも○の位置に行けるように，
ＡとＢのたて線の間に横線を１本入れてみよう。

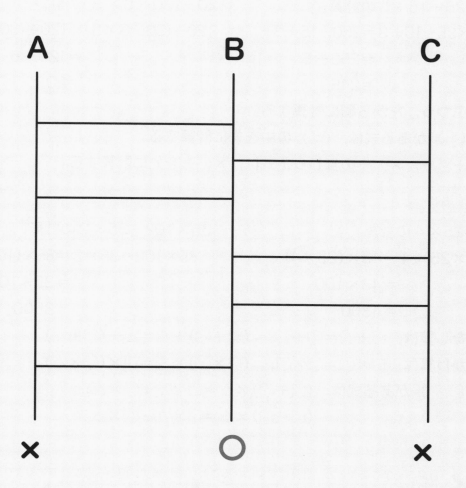

答えは 140 ページ

計算のきまり

計算の順序

34－4＋12の計算

$$34-4+12=30+12$$
$$①$$
$$=42$$
$$②$$

9×(12＋8)の計算

$$9\times(12+8)=9\times20$$
$$①$$
$$=180$$
$$②$$

10×25－15÷3の計算

$$10\times25-15\div3=250-15\div3$$
$$①\qquad②$$
$$=250-5$$
$$③$$
$$=245$$

120÷(30－8×3)の計算

$$120\div(30-8\times3)=120\div(30-24)$$
$$①$$
$$=120\div6$$
$$②$$
$$=20$$
$$③$$

大切 ふつう，左から順に計算する。

（ ）がある式は，（ ）の中を先に計算する。

＋，－，×，÷のまじった式は，×，÷を先に計算する。

計算のきまり

43×25×4の計算

$$43\times25\times4=43\times(25\times4)$$
$$=43\times100$$
$$=4300$$

35×102－35×2の計算

$$35\times102-35\times2=35\times(102-2)$$
$$=35\times100$$
$$=3500$$

大切 たし算は，□＋○＝○＋□，（□＋○）＋△＝□＋（○＋△）。

かけ算は，□×○＝○×□，（□×○）×△＝□×（○×△）。

（ ）がある式は，（□＋○）×△＝□×△＋○×△，

（□－○）×△＝□×△－○×△。

おうち の方へ 計算のきまりを使うと，計算が簡単になることがあります。前から順に計算するよりも，何十，何百など0が出てくるように入れ替えれば，計算する桁が減り，計算ミスも減らすことができます。一方で，"□－○"や"□÷○"では，□と○を入れ替えられないので注意しましょう。

例題1

次の計算をしましょう。

（1）　180÷(25＋5)　　　（2）　(45－8×3)÷7

（3）　36×125×8

（1）　180÷(25＋5)＝180÷30
$$\qquad\qquad\qquad\quad = 6 \qquad\text{（答え）}\quad 6$$

（2）　(45－8×3)÷7＝(45－24)÷7
$$\qquad\qquad\qquad\qquad\qquad = 21÷7＝3$$

（答え）　3

（3）　(□×○)×△＝□×(○×△)を使います。

36×125×8＝36×(125×8)＝36×1000＝36000　（答え）36000

計算の順序は
①かっこの中
②かけ算やわり算
③たし算やひき算
だよ。

例題2

次の（1），（2）の場面に合う式を，下の⑦～⑨の中から選びましょう。

⑦　130×6＋70　　　④　130＋70×6　　　⑨　(130＋70)×6

（1）　1本130円のお茶6本と，1個70円のおかし1個買うと，代金は
何円ですか。

（2）　1本130円のお茶1本と，1個70円のおかしを組にして6組買う
と，代金は何円ですか。

（1）　1本130円のお茶6本のねだんは130×6，1個70円のおかし1個
のねだんは70円なので，代金は，130×6＋70　　　（答え）　⑦

（2）　1本130円のお茶と1個70円のおかしを組にすると，1組のねだん
は130＋70なので，6組の代金は，(130＋70)×6　　　（答え）　⑨

おうち
の方へ

例題2は，場面に合う式を選ぶ問題になっていますが，その式に合う場面を考える活動をしても
よいでしょう。④の式は，"1本130円のお茶1本と，1個70円のおかし1個を買う"という場
面を考えることができます。

1 次の計算をしましょう。

（1） 8×5−18÷3

（2） （14+56÷8）×3

（答え）

（答え）

（3） 160÷（38−3×2）

（4） 15×104−15×4

（答え）

（答え）

2 博物館の入館料は，おとなは1200円，子どもは600円です。次の（1），（2），（3）の場合の入館料の合計を求める式を，下の㋐から㋓までの中から選びましょう。

㋐ 1200×5+600

㋑ 1200+600×5

㋒ 1200+600

㋓ （1200+600）×5

（1） おとな1人と子ども1人で入館した場合

（答え）

（2） おとな1人と子ども5人で入館した場合

（答え）

（3） おとな5人と子ども5人で入館した場合

（答え）

3 右の図の●の数を，それぞれ（1），（2）の式で求めました。どのように考えて求めたか，下の㋐から㋓までの中から1つずつ選びましょう。

㋐ 　　㋑ 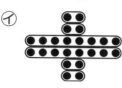　　㋒ 　　㋓

（1）　$6 \times 8 - 2 \times 3 \times 4$　　　　（2）　$2 \times 4 + 8 \times 2$

（答え）＿＿＿＿＿＿＿＿＿＿　　　（答え）＿＿＿＿＿＿＿＿＿＿

4 次の（1），（2）は，計算のきまりを使って，くふうして計算しています。どのきまりを使っていますか。下の㋐から㋓までの中から1つずつ選びましょう。

㋐　$\Box + \bigcirc = \bigcirc + \Box$　　　　　　㋑　$\Box \times \bigcirc = \bigcirc \times \Box$

㋒　$(\Box + \bigcirc) + \triangle = \Box + (\bigcirc + \triangle)$　　㋓　$(\Box \times \bigcirc) \times \triangle = \Box \times (\bigcirc \times \triangle)$

㋔　$(\Box + \bigcirc) \times \triangle = \Box \times \triangle + \bigcirc \times \triangle$　㋕　$(\Box - \bigcirc) \times \triangle = \Box \times \triangle - \bigcirc \times \triangle$

（1）　$9 \times 125 \times 8 = 9 \times (125 \times 8)$
　　　　　　　　　　$= 9 \times 1000$
　　　　　　　　　　$= 9000$

（2）　$105 \times 48 = (100 + 5) \times 48$
　　　　　　　　　　$= 100 \times 48 + 5 \times 48$
　　　　　　　　　　$= 4800 + 240$
　　　　　　　　　　$= 5040$

（答え）＿＿＿＿＿＿＿＿＿＿　　　（答え）＿＿＿＿＿＿＿＿＿＿

おうちの方へ　③の場面では，㋐〜㋓以外にもまとめ方があるので，別のまとめ方を一緒に考えてみましょう。さらに，それらのまとめ方や㋐〜㋓のまとめまとめ方を式で表すよう促しましょう。たくさんのまとめ方を考えることや，まとめ方どうしを比べることは，多角的な視点を育てるきっかけになります。

1-7 小数のたし算とひき算

小数のしくみ

6.317のような小数では，小数点から右の位を順に，

小数第1位$\left(\dfrac{1}{10}$の位$\right)$，小数第2位$\left(\dfrac{1}{100}$の位$\right)$，

小数第3位$\left(\dfrac{1}{1000}$の位$\right)$といいます。

大切

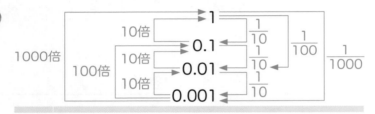

小数の計算

筆算をします。

> 3.63＋5.34の計算

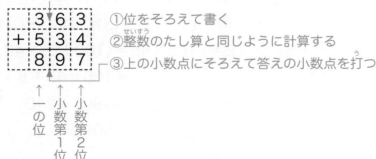

①位をそろえて書く
②整数のたし算と同じように計算する
③上の小数点にそろえて答えの小数点を打つ

大切 小数の計算は，位をそろえて計算する。

 3年生の内容である，小数の表し方や小数の意味も，もう一度確認してください。0.1は1を10等分した1つ分の大きさ，0.01は0.1を10等分した1つ分の大きさを表しています。教科書や参考書を使って思い出しておきましょう。

例題1

1を6個，0.1を2個，0.01を7個，0.001を5個合わせた数を答えましょう。

1が6個…一の位は6

0.1が2個…小数第1位は2

0.01が7個…小数第2位は7

0.001が5個…小数第3位は5

なので，6.275となります。

(答え)　6.275

6.2 7 5
↑　↑　↑　↑
一　小　小　小
の　数　数　数
位　第　第　第
　　1　2　3
　　位　位　位

どの位の数字が何
になるか，1つ1
つ考えよう。

例題2

メロンの重さは1.36kg，すいかの重さは2.7kgです。メロンとすいか
を合わせた重さは何kgですか。

1.36　＋　2.7　＝　4.06
メロン　　すいか　　合わせた
の重さ　　の重さ　　重さ

```
    1
  1.3 6
+ 2.7 0 ←2.7を2.70と考えて
  4.0 6    計算する
```

(答え)　4.06kg

例題3

はり金が6.12mあります。工作で2.3m使いました。残ったはり金は何
mですか。

6.12　－　2.3　＝　3.82
はじめの　　使った　　残りの
長さ　　　長さ　　　長さ

```
    5
  6.1 2
− 2.3 0 ←2.3を2.30と考えて
  3.8 2    計算する
```

(答え)　3.82m

おうち
の方へ

整数どうしの計算と同様，小数どうしの計算でも，同じ位どうしで計算をします。筆算を書くときは，小数点で揃えて書くことになります。例題2のように，小数第2位までの小数と小数第1位までの小数のたし算など，小数点以下の桁数が違うときは注意が必要です。

1 次の□にあてはまる数を書きましょう。

（1） 0.84は, 0.01を□個集めた数です。

（答え）_____

（2） 0.1を5個と0.01を4個と0.001を9個合わせた数は□です。

（答え）_____

2 次の計算をしましょう。

（1） 6.84＋3.56

（2） 8＋5.63

（答え）_____　　　　（答え）_____

3 次の計算をしましょう。

（1） 8.23－4.15

（2） 9－1.87

（答え）_____　　　　（答え）_____

おうち
の方へ

②, ③は, 小数と整数が含まれる計算です。初めはP.38のようなマス目をかいたり, 方眼紙を使ったりしてもよいです。小数点を揃えて書く練習をしましょう。整数は, 一の位の後ろに小数点が隠れていて, 小数第1位以下にずっと0がつくということを押さえておきましょう。

答えは119ページ →

4　ゆたかさんの家から公園までの道のりは2.42km，公園から図書館まで
の道のりは3.08kmです。次の問題に答えましょう。

家　　　　　公園　　　　　　図書館
　　　　2.42km　　　3.08km

（1）　家から公園を通って，図書館まで歩くときの道のりは何kmですか。

（答え）＿＿＿＿＿＿＿＿＿＿＿＿＿

（2）　公園から図書館までの道のりは，家から公園までの道のりより何km長い
ですか。

（答え）＿＿＿＿＿＿＿＿＿＿＿＿＿

5　ふくろの中に9kgの米が入っています。先週3.46kg，今週4.17kg使い
ました。次の問題に答えましょう。

（1）　今週使った米は，先週使った米より何kg重いですか。

（答え）＿＿＿＿＿＿＿＿＿＿＿＿＿

（2）　ふくろに残った米の重さは何kgですか。

（答え）＿＿＿＿＿＿＿＿＿＿＿＿＿

おうち
の方へ

日常生活の中では，ポットややかん，鍋などの容量や，靴のサイズなどで小数の表示を見ること
はありますが，計算することは少ないかもしれません。見かけたときは，「どっちが多く入るか
な？」などと声をかけ，小数を身近に感じられる工夫をしてみてください。

41

1-8 面積

面積の求め方

広さのことを面積といい，1辺が1cmの正方形や1辺が1mの正方形が何個分あるかで表します。

1辺が1cmの正方形の面積を1cm²
（1平方センチメートル）といいます。

1辺が1mの正方形の面積を1m²
（1平方メートル）といいます。

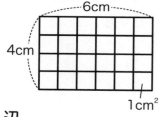

右の図は，たてが4cm，横が6cmの長方形です。
この長方形は，1辺が1cmの正方形がたてに4個，
横に6個で，全部で24個あります。
この長方形の面積は，24cm²です。

大切 長方形の面積＝たて×横，正方形の面積＝1辺×1辺。

面積の単位

面積の単位は，長さの単位をもとにしてつくられています。

	←10倍→	←10倍→	←10倍→	←10倍→	←10倍→
1辺の長さ	1cm	10cm	1m	10m	100m	1km
正方形の面積	1cm²	100cm²	1m²	100m²（1a）	10000m²（1ha）	1km²

（100倍 → 各段階）

大切 1m²＝10000cm²，1a＝100m²，1ha＝10000m²，
1km²＝1000000m²。

> **おうちの方へ** 1年生で比べていた広さを，4年生では面積といい，具体的な数値と単位で表すことを学びます。"m²"や"a"などの単位は，他の単位と同じように普遍単位です。解説にもありますが，面積の単位は長さの単位を基にしているので，長さの単位も併せて復習しておきましょう。

例題1

次の図形の面積は，それぞれ何cm²ですか。

（1）　長方形

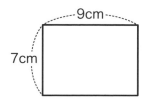

（2）　正方形

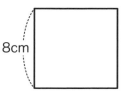

（1）　長方形の面積＝たて×横なので，　7×9＝63　　　（答え）63cm²

（2）　正方形の面積＝1辺×1辺なので，　8×8＝64　　　（答え）64cm²

例題2

次の☐にあてはまる数を求めましょう。

（1）　9m²＝☐cm²　　　（2）　60000m²＝☐ha

（1）　1m²は1辺が1mの正方形の面積
　　　です。1m＝100cm，1m²＝10000cm²
　　　なので，　9m²＝90000cm²です。

（答え）　90000

（2）　1haは1辺が100mの正方形の面
　　　積です。
　　　10000m²＝1haなので，
　　　60000m²＝6haです。

（答え）　6

> 面積の単位の関係を考えるときは，正方形の1辺の長さと面積を考えるとわかりやすいね。

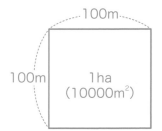

1 次の図形の面積は，それぞれ何cm²ですか。

（1） 正方形

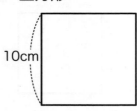

（2） 長方形

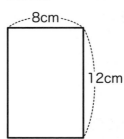

（答え）＿＿＿＿＿＿＿＿＿＿＿

（答え）＿＿＿＿＿＿＿＿＿＿＿

2 次の図形の面積は，それぞれ何cm²ですか。図形の角は全部直角です。

（1）

（2）

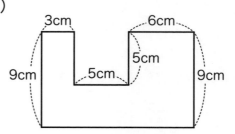

（答え）＿＿＿＿＿＿＿＿＿＿＿

（答え）＿＿＿＿＿＿＿＿＿＿＿

おうち
の方へ
②は，複数の長方形に分けて考えても，大きい長方形の面積から小さい長方形の面積をひいても
よいです。どちらも図に線や長さをかき込みながら解くと，間違いを減らすことができます。1
つの考え方で解けたら，「他にも解き方がありそうだよ」と声をかけてみてください。

答えは120ページ

3 次の□にあてはまる数を書きましょう。

（1）　5a=□m²

（2）　20000000m²=□km²

（答え）＿＿＿＿＿＿＿＿＿＿　　　　（答え）＿＿＿＿＿＿＿＿＿＿

4 図1は，たて18m，横27mの長方形の形をした畑です。次の問題に答えましょう。

（1）　畑の面積は何m²ですか。

図1

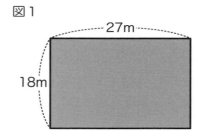

（答え）＿＿＿＿＿＿＿＿＿＿＿＿＿

（2）　図2のように，図1の畑に，はば2mと，はば3mの長方形の道を作りました。道をのぞいた部分の面積は何m²ですか。

図2

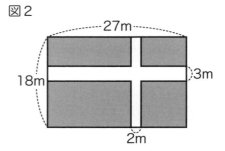

（答え）＿＿＿＿＿＿＿＿＿＿＿＿＿

5 右の図は，たての長さが12cm，面積が216cm²の長方形です。横の長さは何cmですか。

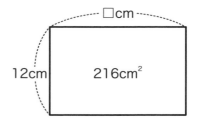

（答え）＿＿＿＿＿＿＿＿＿＿＿＿＿

> **おうちの方へ**　簡単に解けるようになったら，身近なものの面積を求めてみましょう。お菓子の箱やテーブルなどから正方形や長方形の面を探し，辺の長さを測ります。辺の長さが○cm△mmになったら小数にして，面積を計算しましょう。この活動で，いくつもの算数の学習内容を復習できます。

1-9 立方体と直方体

立方体と直方体

長方形や，長方形と正方形で囲（かこ）まれた
形を直方体といいます。
正方形だけで囲まれた形を立方体とい
います。
直方体や立方体の全体（ぜんたい）の形がわかるよ
うにかいた図を見取図（みとりず）といいます。直
方体や立方体を辺（へん）にそって切り開（ひら）いて，
平面（へいめん）の上に広げた図を展開図（てんかいず）といいま
す。

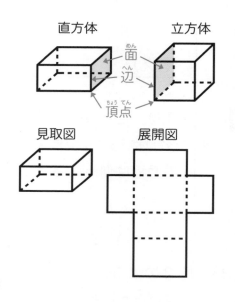

直方体　　　　　立方体

面（めん）
辺（へん）
頂点（ちょうてん）

見取図　　　　展開図

大切 **直方体や立方体では，向（む）かい合う面は平行（へいこう）で，となり合う面は垂直（すいちょく）。**

位置（いち）の表（あらわ）し方

右の図で，点イの位置は，点アから横（よこ）に３，
たてに２，上に４と読み取（と）れるので，
点イの位置は点アをもとにすると
　（横３，たて２，高さ４）
と表すことができます。

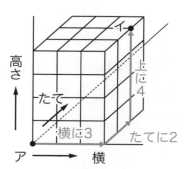

高さ
たて
横に3
たてに2
上に4
ア　　横
イ

大切 **空間にあるものの位置は，３つの数の組で表すことができる。**

**おうち
の方へ** "箱の形"や"さいころの形"の呼び方が変わり，特徴をくわしく学習します。これまでに学習した，"長方形"や"正方形"でできた立体で，"辺"や"頂点"と呼ぶところがあり，"平行"や"垂直"の関係にあるところもあります。用語が正しく使えるように復習しましょう。

例題1

右の立方体について，次の問題に答えましょう。

（1） 辺BFに平行な辺を全部答えましょう。

（2） 下の図の中で，立方体の展開図として正しくない
ものはどれですか。1つ選びましょう。

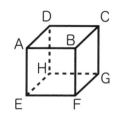

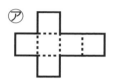 ⑦　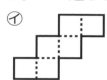 ⑦　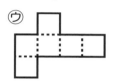 ⑦　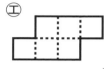 ⑦

（1） 立方体の面は全部正方形です。正方形の向かい合
う辺はに平行です。　　（答え）辺AE，辺CG，辺DH

（2） 立方体の頂点には，面が3つ集まっています。⑦
は，●の点で面が4つ集まっているので，立方体を
つくることができません。　　（答え）　　⑦

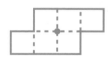

例題2

右の直方体で，頂点Aをもとにしたとき，
頂点Gの位置は，(横10cm，たて8cm，高さ5cm)
と表すことができます。このとき，
(横10cm，たて0cm，高さ5cm)と表すこ
とができる頂点を答えましょう。

頂点Aから，横に10cm，たてに0cm，上（高さ）
に5cmの位置です。　　　　（答え）頂点F

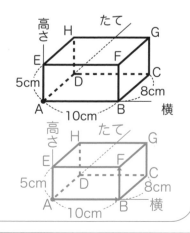

おうち
の方へ
例題1（1）は，紙などで立方体を作ってみてください。触れて確認することで，平行な辺を，
実感をもって理解することができます。（2）は，慣れるまでは展開図を紙などに写して切り取り，
作って考えてもよいです。徐々に図で判断できるよう，いろいろな展開図で練習しましょう。

1 右の図の直方体について，次の問題に答えましょう。

（1） 辺EFに平行な辺を全部答えましょう。

（答え）＿＿＿＿＿＿＿＿＿＿＿＿＿

（2） 辺ADに垂直な辺を全部答えましょう。

（答え）＿＿＿＿＿＿＿＿＿＿＿＿＿

（3） 面BFGCに平行な辺を全部答えましょう。

（答え）＿＿＿＿＿＿＿＿＿＿＿＿＿

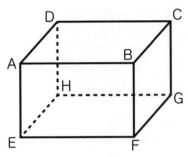

2 右の展開図を組み立てて，立方体をつくります。次の問題に答えましょう。

（1） 点Bと重なる点を答えましょう。

（答え）＿＿＿＿＿＿＿＿＿＿＿

（2） 辺ANと重なる辺を答えましょう。

（答え）＿＿＿＿＿＿＿＿＿＿＿

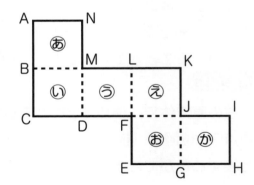

（3） 面⊙と平行になる面，面⊙と垂直になる面を全部答えましょう。

（答え）平行＿＿＿＿＿＿＿＿＿＿，垂直＿＿＿＿＿＿＿＿＿

おうち
の方へ

②が難しいようなら，P.47と同じように，紙などに写して切り取ってみましょう。切り取ったら，頂点の記号をそれぞれ書いておきます。組み立てて，どの頂点とどの頂点が重なるか，どの辺とどの辺が重なるか，（1），（2）以外の頂点や辺も確かめておきましょう。

3 右の図は，直方体の展開図です。次の問題に答えましょう。

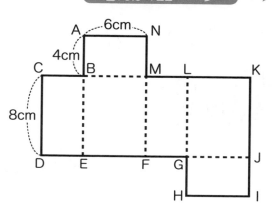

（1） この展開図を組み立てたとき，辺EFと重なる辺を答えましょう。

（答え）＿＿＿＿＿＿＿＿＿＿＿＿＿＿

（2） 直線KIの長さは何cmですか。

（答え）＿＿＿＿＿＿＿＿＿＿＿＿＿＿

4 右の図で，頂点Aの位置をもとにしたとき，頂点Hの位置は，
（横0cm，たて20cm，高さ9cm）
と表すことができます。

頂点Aの位置をもとにしたとき，次の頂点の位置を表しましょう。

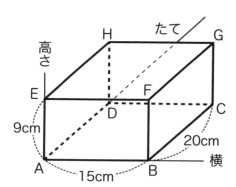

（1） 頂点C

（答え）＿＿＿＿＿＿＿＿＿＿＿＿＿＿

（2） 頂点E

（答え）＿＿＿＿＿＿＿＿＿＿＿＿＿＿

おうちの方へ 平面上や空間内の位置を表すには，基準となる位置はどこか，基準からいくつめか，縦横上下左右どの方向か，といった情報が必要になります。日常生活の中でも，戸棚のものの位置を言葉で伝えたり，道案内をしたりするときに自然と使っている算数の学習内容ではないでしょうか。

ひもつなぎ

図1のように，数字が書かれた玉がひもでつながれているよ。
①の玉を引っぱってひもをまっすぐにすると，玉は図2のようなならびになるよ。右の2つの問題では，玉のならびはどうなるかな？
○の中に数字を書こう。

図1 ▶ ① ② ③ ④

図2 ▶ ① ④ ② ③

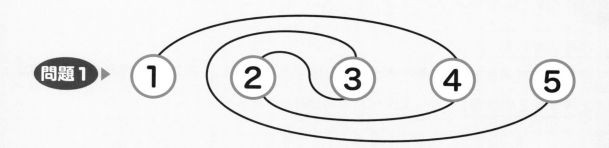

問題1 ▶

答え ▶

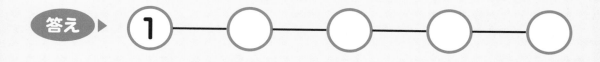

問題2 ▶

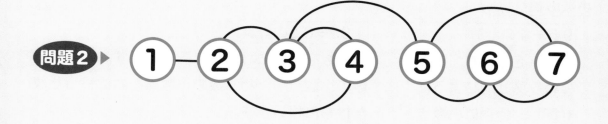

答え ▶

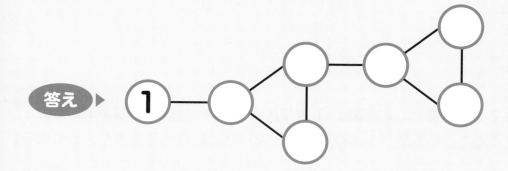

答えは 141 ページ

小数のかけ算とわり算

小数のかけ算

小数点を考えず，整数のかけ算と同じように計算し，最後に小数点をうちます。

| 4.7×2の計算 | 3.6×0.6の計算 |

$$
\begin{array}{r}
4.7 \\
\times\ 2 \\
\hline
9.4
\end{array}
$$

小数点は，かけられる数にそろえてうつ

$$
\begin{array}{r}
3.6 \\
\times 0.6 \\
\hline
2.1\,6
\end{array}
$$
→
$$
\begin{array}{r}
3.6 \cdots 1けた \\
\times 0.6 \cdots 1けた \\
\hline
2.1\,6 \cdots 2けた
\end{array}
$$

積の小数点は，小数点から下のけた数が，かけられる数とかける数の小数点から下のけた数の和と同じになるようにうつ

大切 小数をかける計算は，かける数が1より大きいとき，積はかけられる数より大きくなる。かける数が1より小さいとき，積はかけられる数より小さくなる。

小数のわり算

| 9.6÷4の計算 |

小数点を考えず，整数のわり算と同じように計算し，最後に小数点をうちます。

$$
\begin{array}{r}
2.4 \\
4\overline{)9.6} \\
8 \\
\hline
1\,6 \\
1\,6 \\
\hline
0
\end{array}
$$

わられる数にそろえてうつ

| 1.95÷0.5の計算 |

わる数を整数になおして計算します。わられる数の小数点も，わる数の小数点を右に移した数だけ右に移します。

$$
0.5\overline{)1.9.5}
$$
10倍
→
$$
\begin{array}{r}
3.9 \\
0.5\overline{)1.9.5} \\
5 \\
\hline
4\,5 \\
4\,5 \\
\hline
0
\end{array}
$$

わられる数の移した小数点にそろえてうつ

わる数を10倍する
わられる数も10倍する

大切 小数でわる計算は，わる数が1より大きいとき，商はわられる数より小さくなる。わる数が1より小さいとき，商はわられる数より大きくなる。

> **おうちの方へ** 小数のかけ算，わり算は基本的に整数と同じように計算を進めます。小数のかけ算は，面積や体積の内容で出てくることもありますし，円の学習内容では必ず出てくる計算です。内容がわかっていても計算で間違えてしまうことがないよう，しっかり定着させておきましょう。

例題1

1mの重さが3.86gのはり金があります。はり金7.4mの重さは何gですか。

3.86×7.4＝28.564

```
    3.8 6 …2けた
  ×   7.4 …1けた
    1 5 4 4
  2 7 0 2
  2 8.5 6 4 …3けた
```

答えの小数点の位置に気を付けよう。

（答え）　28.564g

例題2

次の計算をしましょう。（1）は，商を整数で求め，あまりも出しましょう。（2）は，商を四捨五入して小数第2位までの概数にしましょう。

（1）　9.52÷2.8　　　　　　（2）　2.7÷6.4

（1）
```
        3
  2、8)9,5:2
      8 4
      1:1 2
```
商の小数点は，わられる数の移した小数点にそろえてうつ

あまりの小数点は，もとの小数点にそろえてうつ

（2）
```
          0.4 2 1
  6、4)2,7.0
      2 5 6
        1 4 0
        1 2 8
          1 2 0
            6 4
            5 6
```
← 小数第3位を四捨五入する

0をつけたして，わり算を続ける

求めたい位の1つ下の位までわり進むよ。

（答え）3あまり1.12

（答え）　0.42

おうちの方へ　例題2（1）のように，あまりを求めるように指示のある問題では，指定された位まで商を求めたら，その後の数はすべてあまりになります。かけ算で検算すると，0.59×3＋0.18＝1.95となるので，あまりの小数点の位置に納得できるのではないでしょうか。

1 次の計算をしましょう。

（1） 9.2×8

（2） 5.3×1.4

（答え）_____

（答え）_____

2 次の計算をしましょう。（1）はわりきれるまで計算しましょう。（2）は，商を四捨五入して小数第2位までの概数で求めましょう。（3）は商を小数第1位まで求め，あまりも求めましょう。

（1） 9.24÷6

（2） 22.5÷3.9

（答え）_____

（答え）_____

（3） 4.36÷0.73

（答え）_____

おうちの方へ　②では，（1），（2），（3）で答え方の指示が違います。（3）で計算をどんどん進めてしまっている場合は，「商はどこの位までの概数にするって書いてあった？」ともう一度問題文をよく読むように促しましょう。今後も気を付けるように話してもよいでしょう。

答えは 123 ページ

3 たての長さが3.7cmの長方形があります。次の問題に答えましょう。

（1） 横の長さが８cmのとき，面積は何cm²ですか。

（答え）＿＿＿＿＿＿＿＿＿＿＿

（2） 面積が31.82cm²のとき，横の長さは何cmですか。

（答え）＿＿＿＿＿＿＿＿＿＿＿

4 さとうと塩があります。さとうの重さは8.6kgです。次の問題に答えましょう。

（1） 塩の重さは，さとうの重さの0.85倍です。塩の重さは何kgですか。

（答え）＿＿＿＿＿＿＿＿＿＿＿

（2） さとうを1.2kgずつふくろに入れていきます。1.2kg入りのふくろは何ふくろできて，さとうは何kgあまりますか。

（答え）＿＿＿＿＿＿＿＿＿＿＿

おうちの方へ ④（2）は，1.2kgずつ入れる袋の数を求めるので，商は整数になります。その先までわり算を進めている場合は，「商は何桁までの数になるかな？」と聞いてみましょう。難しいようなら，「何ふくろできるか問われているよ，どういうことかな？」と考えるように促しましょう。

2-2 体積

体積の求め方

もののかさのことを体積といいます。

1辺が1cmの立方体の体積を1cm³（1立方センチメートル）といいます。

1辺が1mの立方体の体積を1m³（1立方メートル）といいます。

右の図の直方体は，1辺が1cmの立方体が，2×3×2＝12で12個あるので，体積は12cm³です。

入れ物いっぱいに入る水などの体積のことを，その入れ物の容積といいます。

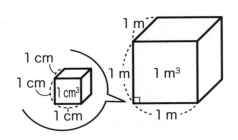

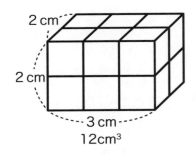

12cm³

大切 直方体の体積＝たて×横×高さ。

立方体の体積＝1辺×1辺×1辺。

体積の単位

体積の単位は長さの単位をもとにしてつくられています。

	10倍		10倍	
1辺の長さ	1cm	－	10cm	1m
立方体の体積	1cm³	100cm³	1000cm³	1m³
	1mL	1dL	1L	1kL
	1000倍		1000倍	

大切 1m³＝1000000cm³，1L＝1000cm³。

おうちの方へ　2年生で学んだ箱の形について，5年生では具体的な数値と単位で体積を求めることを学びます。同じく2年生で学んだかさの単位も体積を表します。"m³"などの体積の単位は長さの単位をもとにしているので，長さの単位とかさの単位も併せて確認しておきましょう。

右の図の立方体の体積は何cm³ですか。

立方体の体積＝１辺×１辺×１辺なので，

3×3×3＝27　　　　　　　（答え）　　27cm³

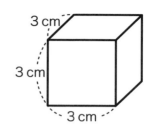

例題2

右の図のような，直方体を組み合わせた立体の体積は何cm³ですか。

右の図のように，２つの直方体に分けて考えると，

$\underset{\text{左の直方体}}{4 \times 3 \times 6} + \underset{\text{右の直方体}}{2 \times 2 \times 6}$

＝72＋24

＝96

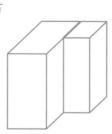

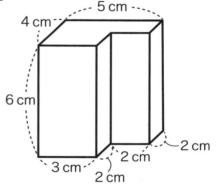

[別の解き方]

右の図のように，大きい直方体から小さい直方体を切り取った形と考えると，

$\underset{\text{大きい直方体}}{4 \times 5 \times 6} - \underset{\text{小さい直方体}}{2 \times 2 \times 6}$

＝120－24

＝96

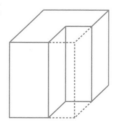

他にも分け方があるね。考えてみよう。

（答え）　　96cm³

 おうちの方へ　例題2のもう１つの分け方は，底面が２cm×５cmの直方体と２cm×３cmの直方体に分けるものです。３つの解き方はどれで解いても構いません。１つの解き方がすぐに思いついた場合は，「他にもやり方があるよ」と声をかけてみましょう。多面的な視点をもつ練習になります。

1 次の立体の体積は，それぞれ何cm³ですか。

（1） 立方体

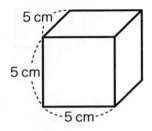

5 cm
5 cm
5 cm

（答え）

（2） 直方体

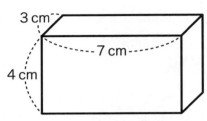

3 cm
7 cm
4 cm

（答え）

2 右の図のような，直方体を組み合わせた立体の体積は何cm³ですか。

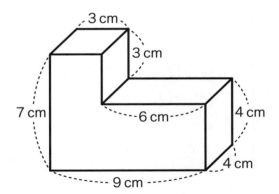

3 cm
3 cm
7 cm
6 cm
4 cm
4 cm
9 cm

（答え）

おうちの方へ たて9cm，横8cm，高さ5cmの直方体の体積を求めるとします。直方体は置き方を変えれば，たて，横，高さの辺が変わるので，計算しやすい置き方を考えると効率的に体積を求められます。たて8cm，横5cm，高さ9cmの直方体として捉えて，計算しやすさを比べてみてください。

③ 次の☐にあてはまる数を答えましょう。

（1）　$3 m^3 = $ ☐ cm^3

（答え）_____

（2）　$8000 cm^3 = $ ☐ L

（答え）_____

④ 内側（うちがわ）の長さが，図１のような立方体の形をした水そうと，図２のような直方体の形をした水そうがあります。図１の水そうには，深さ（ふか）が50cmのところまで水が入っています。次の問題（もんだい）に答えましょう。

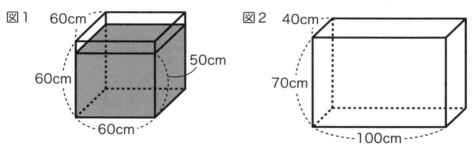

図1　60cm　60cm　60cm　50cm

図2　40cm　70cm　100cm

（1）　図１の水そうに入っている水は何Lですか。

（答え）_____

（2）　図１の水そうに入っている水を図２の水そうに全部移（ぜんぶうつ）します。図２の水そうの水の深さは何cmになりますか。

（答え）_____

おうち
の方へ
④（1）は，水が入っている高さで体積を計算します。答えるときの単位に気を付けましょう。
（2）は移したあとの容器の底の面積を考えます。難しいようなら，底の面積が小さいコップに入れた水を，底の面積が大きいコップに移してみせて，考え方を確認しましょう。

合同な図形と角

合同な図形

形も大きさも同じで，ぴったり重ね合わせることのできる図形を，合同な図形といいます。合同な図形で，重なり合う頂点，辺，角を，それぞれ対応する頂点，対応する辺，対応する角といいます。

大切 合同な図形の対応する辺の長さは等しく，対応する角の大きさも等しい。

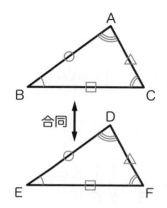

合同

図形の角

三角形の３つの角の大きさの和は180°です。
右の図で，あの角の大きさは，
180°−(40°+80°)＝60°　で，60°です。

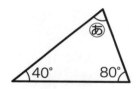

四角形は，対角線で２つの三角形に分けて考えます。180°×２＝360°なので，四角形の４つの角の大きさの和は，360°です。

大切 多角形は，対角線で三角形に分けると，角の大きさの和を求めることができる。

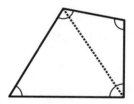

おうちの方へ　４年生では，平行四辺形やひし形など，１つの図形の中で２本の辺の平行や，辺の長さや角の大きさが等しいことなどを確認しました。５年生では，２つ以上の図形の間で，辺の長さや角の大きさを比べます。図形の合同や多角形の学習は，中学校の学習内容にもつながります。

例題1

下の図で，あの三角形と合同な三角形はどれですか。下のいからかまでの中から1つ選びましょう。

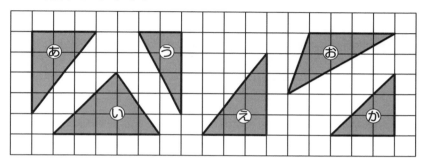

いからかまでの三角形
の向きを変えたり，う
ら返したりします。

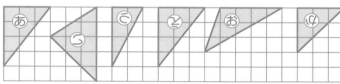

ぴったり重なる2つの三角形は合同です。

あとぴったり重なるのはえの三角形です。

(答え)　　　え

例題2

右の図で，あの角の大きさは何度ですか。

三角形の角の大きさの和は180°なので，

あの角の大きさは，

180°−（45°＋75°）＝60°

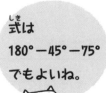

式は
180°−45°−75°
でもよいね。

(答え)　　　60°

おうち
の方へ

例題1では，図形がかかれているマス目を確認しながら，合同な図形を探します。解説では図形の向きをそろえて見やすくしていますが，解くときは角が直角かどうか，辺が何マス分あるかなどを確認します。答えを出せたら，等しい辺や角の位置を説明してもらいましょう。

1 下の図で，合同な四角形はどれとどれですか。⑥から⑥までの中から1組選びましょう。

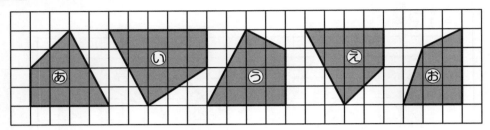

（答え）_____

2 右の図で，三角形ABCと三角形DEFは合同です。次の問題に答えましょう。

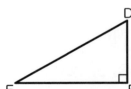

（1） 頂点Aに対応する頂点はどれですか。

（答え）_____

（2） 辺DEの長さは何cmですか。

（答え）_____

（3） 角Eの大きさは何度ですか。

（答え）_____

おうちの方へ ②の問題が簡単に解けたら，他の頂点や辺，角についても質問してみてください。対応する部分や大きさなど，いくつも確認しましょう。また，この三角形は三角定規の1つと全部の角度が同じです。「この三角形は他の問題にもあったよね」と聞いてみてもよいかもしれません。

3 次の図で，㋐から㋔までの角の大きさはそれぞれ，何度ですか。

（1） 三角形

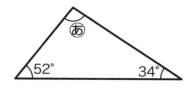

（答え） _____

（2） 二等辺三角形

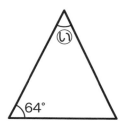

（答え） _____

（3） 平行四辺形

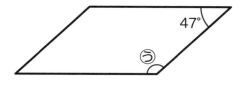

（答え） _____

（4） 三角形

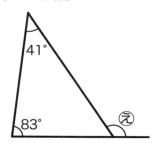

（答え） _____

4 右の図の五角形の角の大きさの和は何度ですか。

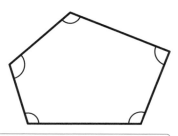

（答え） _____

おうちの方へ ④は多角形の角の問題です。多角形とは3本以上の直線で囲まれた図形のことです。3本以上の直線なので，三角形も多角形に含まれます。三角形の内側の角の大きさの和は180°，四角形は360°，五角形は540°と，180°ずつ大きくなります。

整数

偶数と奇数

2でわり切れる整数のことを偶数といいます。

2でわり切れない整数のことを奇数といいます。

大切 偶数と奇数は1つおきに
ならんでいる。0は偶数。

偶数 奇数 偶数 奇数 偶数 奇数 偶数 奇数 偶数 奇数
0　1　2　3　4　5　6　7　8　9　…

倍数と約数

6を整数倍してできる数を，6の倍数といいます。

6の倍数と8の倍数に共通する数を，6と8の公倍数といいます。

公倍数のうち，いちばん小さい数を最小公倍数といいます。

── 6と8の公倍数 ──

6の倍数　6，12，18，㉔，30，36，42，㊽，…

8の倍数　8，16，㉔，32，40，㊽，…

↑── 6と8の最小公倍数

6をわり切ることができる整数を，6の約数といいます。6の約数は4つです。

6の約数と8の約数に共通する数を，6と8の公約数といいます。

公約数のうち，いちばん大きい数を最大公約数といいます。

6と8の公約数

6の約数　①，②，3，6

8の約数　①，②，4，8

↑──6と8の最大公約数

大切 倍数は，いくらでもある。約数は，限られた数だけある。

おうち の方へ この単元では，かけ算やわり算の観点から整数の性質について学習します。ここでの知識や技能は，分数の計算で使う通分や約分の際に不可欠です。また，6年生で学ぶ比や，中学生で学ぶ因数分解などの基礎になります。しっかり定着させておきましょう。

1から30までの整数のうち，偶数は全部で何個ありますか。

奇数と偶数は1つおきにあります。30個の整数のうち，半分は偶数です。

30÷2＝15

<u>（答え）　　15個</u>

例題2

次の問題に答えましょう。

（1）　9と12の公倍数を，小さい順に3つ求めましょう。また，最小公倍数も答えましょう。

（2）　18と36の公約数をすべて求めましょう。また，最大公約数も答えましょう。

（1）　9の倍数　9, 18, 27, ㊱, 45, 54, 63, ⑦², 81, 90, 99, ⑩⁸, …

12の倍数　12, 24, ㊱, 48, 60, ⑦², 84, 96, ⑩⁸, …

↑9と12の最小公倍数

<u>（答え）公倍数　36, 72, 108,　最小公倍数　36</u>

（2）　18の約数　①, ②, ③, ⑥, 9, 18

30の約数　①, ②, ③, 5, ⑥, 10, 15, 30

18と30の最大公約数→

<u>（答え）公約数　1, 2, 3, 6,　最大公約数　6</u>

公倍数は，最小公倍数の倍数になっていて，公約数は最大公約数の約数になっているよ。

おうちの方へ　公倍数はいくつでもあるため，もっとも小さい"最小公倍数"は求められても，"最大公倍数"を求めることはできません。一方，どんな整数でももっとも小さい約数は1なので，"最小公約数"を求める意味はありません。言葉の意味を理解して学習を進められるよう支援しましょう。

1 次の問題に答えましょう。

（1） 次の数を偶数と奇数に分けましょう。

> 5, 34, 47, 108, 222, 689

（答え）偶数 　　　　　　　　　　 ， 奇数

（2） 1から50までの整数のうち，奇数は何個ありますか。

（答え）

2 ②, ③, ④, ⑤ の数字が書かれたカードが1まいずつあります。4まいのカードを全部ならべて，4けたの整数をつくるとき，次の問題に答えましょう。

（1） もっとも大きい奇数はいくつですか。

（答え）

（2） もっとも小さい偶数はいくつですか。

（答え）

答えは127ページ

3 次の問題に答えましょう。

（1）　50の約数は何個ありますか。

（答え）

（2）　15と20の公倍数のうち，400にもっとも近い数を求めましょう。

（答え）

4 次の問題に答えましょう。

（1）　たての長さが8cm，横の長さが10cmの長方形の形をしたタイルを，たて，横にならべて，正方形をつくります。できるだけ小さい正方形をつくるとき，タイルを何まい使いますか。

（答え）

（2）　りんごが56個，みかんが98個あります。それぞれ同じ数ずつ，あまりが出ないようにできるだけ多くの人に配るとき，何人に配ることができますか。

（答え）

おうちの方へ　④（1）は8と10の最小公倍数を，（2）は56と98の最大公約数を求めます。問題文から求める値に気付かない場合は，実際に紙を並べたり，りんごを●，みかんを○で表したりして，状況を整理してみましょう。問題を解き終えてから，何を求めたかよく確認してください。

分数のたし算とひき算

分数の表し方

$\dfrac{7}{9}$ のように分子が分母より小さい分数を真分数といいます。

$\dfrac{5}{5}$ のように分子が分母と等しいか，$\dfrac{7}{5}$ のように分子が分母より大きい分数を仮分数といいます。

$1\dfrac{3}{4}$ のように，整数と真分数の和の形になっている分数を帯分数といいます。

大切 分母と分子に同じ数をかけても，分母と分子を
同じ数でわっても，分数の大きさは変わらない。

$$\dfrac{\triangle}{\square}=\dfrac{\triangle\times\bigcirc}{\square\times\bigcirc}$$

$$\dfrac{\triangle}{\square}=\dfrac{\triangle\div\bigcirc}{\square\div\bigcirc}$$

分数のたし算とひき算

分母が同じ分数のたし算・ひき算は，分母はそのままにして，分子だけを計算します。

$$\dfrac{8}{11}+\dfrac{7}{11}=\dfrac{8+7}{11}=\dfrac{15}{11}=1\dfrac{4}{11} \qquad 1\dfrac{7}{9}-\dfrac{5}{9}=1\dfrac{7-5}{9}=1\dfrac{2}{9}$$

分母がちがう分数のたし算・ひき算は，通分してから計算します。

答えが約分できるときは，約分します。

分母にかけた数　　　　　　　　　　分子だけを計算
と同じ数をかける　　分子だけを計算　　　　28−25＝3
　　1×3　1×2　　　3＋2＝5　　　　　　14×2　5×5

$$\dfrac{1}{4}+\dfrac{1}{6}=\dfrac{3}{12}+\dfrac{2}{12}=\dfrac{5}{12} \qquad \dfrac{14}{15}-\dfrac{5}{6}=\dfrac{28}{30}-\dfrac{25}{30}=\dfrac{\overset{1}{\cancel{3}}}{\underset{10}{\cancel{30}}}=\dfrac{1}{10}$$

　　↑　　↑　4×3　6×2　　　　　　　　↑　　↑　15×2　6×5
最小公倍数は　分母を最小公倍　　　　最小公倍数は　分母を最小公倍数　　約分する
12　　　　数の12にする　　　　　　30　　　　の30にする

大切 通分は，分母のちがう分数を，分母が同じ分数になおすこと。

約分は，分母と分子を同じ数でわって，分母の小さい分数にすること。

> **おうち
> の方へ** 分母が違う場合は，"分母と分子に同じ数をかけても分数の大きさは変わらない"という性質を利用し，それぞれの分母を通分して計算します。これまでの学習内容に不安があるようなら，復習しながら学習を進めるようにしましょう。

例題1

米を，昨日は$1\frac{2}{7}$kg，今日は$\frac{6}{7}$kg使いました。全部で何kg使いましたか。

分子だけを計算

$$1\frac{2}{7}+\frac{6}{7}=1\frac{2+6}{7}=1\frac{8}{7}=2\frac{1}{7}$$

分母が同じ

（答え）$2\frac{1}{7}\left(\frac{15}{7}\right)$kg

例題2

赤いリボンが$\frac{1}{4}$m，青いリボンが$\frac{5}{6}$m，白いリボンが$3\frac{1}{9}$mあります。
次の問題に答えましょう。

（1）　赤いリボンと青いリボンの長さは，合わせて何mですか。

（2）　白いリボンの長さは，青いリボンより何m長いですか。

（1）　$\dfrac{1}{4}+\dfrac{5}{6}=\dfrac{3}{12}+\dfrac{10}{12}=\dfrac{13}{12}=1\dfrac{1}{12}$

最小公倍数は12　　分母を12にする　　（答え）$1\frac{1}{12}\left(\frac{13}{12}\right)$m

分母の最小公倍数で通分すると，計算しやすいよ。

（2）　整数の部分と分数部分に分けて計算します。

$$3\frac{1}{9}-\frac{5}{6}=3\frac{2}{18}-\frac{15}{18}$$

最小公倍数は18

分数の部分がひけるように，整数の部分からくり下げる

$$=2\frac{20}{18}-\frac{15}{18}$$

$$=2\frac{5}{18}$$

（答え）$2\frac{5}{18}\left(\frac{41}{18}\right)$m

おうちの方へ　分数のたし算とひき算では，分母同士もたし算やひき算をしてしまうミスが考えられます。ケーキなどを真上から見た絵を紙に描き，8等分に切り分けたものを見せながら「1つ分は$\frac{1}{8}$だね，$\frac{1}{8}+\frac{1}{8}$だと何分の一？」などと確認しましょう。実感をもって正しく計算できるはずです。

1 次の仮分数を帯分数になおしましょう。

（1） $\dfrac{7}{4}$

（2） $\dfrac{22}{5}$

（答え）＿＿＿＿＿＿＿＿＿

（答え）＿＿＿＿＿＿＿＿＿

2 次の帯分数を仮分数になおしましょう。

（1） $1\dfrac{2}{7}$

（2） $3\dfrac{1}{6}$

（答え）＿＿＿＿＿＿＿＿＿

（答え）＿＿＿＿＿＿＿＿＿

3 次の計算をしましょう。

（1） $\dfrac{8}{15}+\dfrac{11}{15}$

（2） $1\dfrac{1}{8}-\dfrac{5}{8}$

（答え）＿＿＿＿＿＿＿＿＿

（答え）＿＿＿＿＿＿＿＿＿

おうち
の方へ

仮分数から帯分数，帯分数から仮分数にする際も，難しいようなら，紙にケーキの絵を描いて切り分け，並べてみましょう。②の（1）は，1枚の絵を7等分したもの全部と，もう1枚の絵を7等分した2つ分を用意して考えます。丁寧に確認して考え方を定着させましょう。

4 次の計算をしましょう。

（1）　$\dfrac{4}{9} + \dfrac{7}{18}$

（答え）＿＿＿＿＿＿＿＿＿＿

（2）　$2\dfrac{3}{8} - \dfrac{7}{12}$

（答え）＿＿＿＿＿＿＿＿＿＿

5　水がやかんに $3\dfrac{7}{10}$L，ポットに $2\dfrac{4}{15}$L入っています。次の問題に答えましょう。

（1）　水は，合わせて何Lありますか。

（答え）＿＿＿＿＿＿＿＿＿＿

（2）　やかんに入っている水は，ポットに入っている水より何L多いですか。

（答え）＿＿＿＿＿＿＿＿＿＿

おうち の方へ　分数のたし算とひき算が苦手な場合は，学年をさかのぼるように問題を出してあげましょう。5年生は分母の異なる分数（$\frac{3}{5}+\frac{2}{9}$など），4年生は分母の等しい帯分数（$1\frac{7}{9}+\frac{5}{9}$など），3年生は分母の等しい真分数（$\frac{2}{7}+\frac{3}{7}$など）とさかのぼり，つまずいているところを見つけましょう。

面積分けパズル

下の図で，マスの中に書かれた数字の1は□が1個
分，2は□が2個分，・・・を表しているよ。右の
ページの図も，数字に合わせて四角形に分けてみよう。
L字のように曲げず正方形か長方形に分けてね。

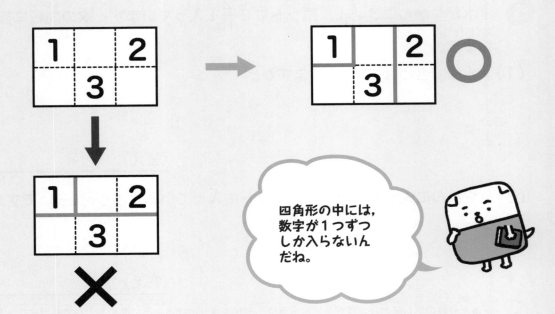

四角形の中には，
数字が1つずつ
しか入らないん
だね。

72

		2			3
		6			
					3
4		4		4	
	3				2
2				3	

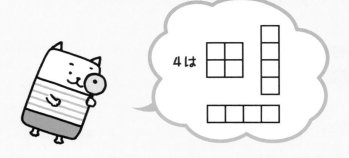

4は

答えは 142 ページ

平均

いくつかの数量を，等しい大きさになるようにならしたものを平均といいます。

下の図のように，あ，い，うの３つのコップにジュースが入っています。
３つのコップに入っているジュースの量が同じになるように，あのコップから
い，うのコップにそれぞれジュースを移すと，３つのコップのジュースの量が
同じになります。

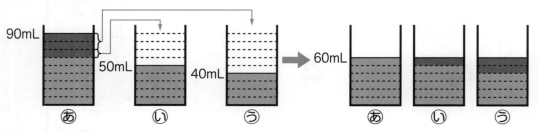

式で考えます。

３つのコップのジュースの量を合わせると，

$90+50+40=180$

３つのコップに等しくなるように分けると，

$180÷3=60$

平均は，平均するものの量の合計を個数でわって求めます。

大切　平均＝合計÷個数。

合計＝平均×個数。

おうち
の方へ　"平均"という言葉は日常生活の中でも，学校生活の中でもよく聞くのではないでしょうか。正確に作られたものでない限り，ものの長さや重さをはかると数値がばらけることは，よくあります。平均は，何回かはかった結果から"だいたい正しい値"を示すことができます。

例題1

3個のみかんの重さを1個ずつ量ったところ，80g，84g，85gでした。
3個のみかんの重さの平均は何gですか。

平均は，合計÷個数で求めます。

(80＋84＋85)÷3＝249÷3＝83

(答え)　　　83g

例題2

下の表は，ある小学校の月曜日から金曜日までの欠席者数を調べてまとめたものです。

	月	火	水	木	金
欠席者数　（人）	7	3	0	2	

（1）　月曜日から木曜日までの欠席者数の平均は何人ですか。

（2）　月曜日から金曜日までの欠席者数の平均が3.2人のとき，金曜日の
　　　欠席者数は何人ですか。

（1）　平均は，合計÷個数で求めます。

(7＋3＋0＋2)÷4＝12÷4＝3

(答え)　　　3人

（2）　5日間の合計は，3.2×5＝16

月曜日から木曜日までの4日間の合計は12人

なので，金曜日の欠席者数は，16－12＝4

欠席者が0人の日も，個数にふくめるよ。

(答え)　　　4人

おうちの方へ　平均について，計算ができるだけでなく，意味をしっかり理解できるように声をかけてください。
P.74の解説にあるような，移動してならすという考え方もありますし，全部を1つにまとめて
等分するという考え方もできます。あめなど，実際のものを動かして考えてみてもよいでしょう。

① 下の表は，日曜日から土曜日までのある市の最低気温を表したものです。1週間の最低気温の平均は何度ですか。

	日	月	火	水	木	金	土
最低気温（度）	8	7	5	6	9	5	9

（答え）

② 右の表は，5年1組と2組が長なわとびを練習したときの記録をまとめたものです。次の問題に答えましょう。

	1組の記録（回）	2組の記録（回）
1回め	10	8
2回め	13	14
3回め	18	21
4回め	15	
平均		15

（1） 4回の練習で，1組の記録の平均は何回ですか。

（答え）

（2） 2組は4回めの記録は何回ですか。

（答え）

おうちの方へ　②（2）は，平均からデータの1つを計算する問題です。難しいようなら，2組の平均を指しながら，「この平均はどうやって求めたのかな」と声をかけてみてください。4回分の回数の合計を4でわった数値であることに気づき，平均から合計を求められれば，あとは簡単です。

答えは129ページ

3 右の表は，ひかりさんが10歩ずつ3回歩いたときのきょりの記録です。次の問題に答えましょう。

	10歩のきょり
1回め	6m27cm
2回め	6m32cm
3回め	6m34cm

(1) ひかりさんの歩はば（1歩のきょり）はおよそ何mですか。四捨五入して，小数第2位までの概数で求めましょう。

(答え) _____

(2) ひかりさんが家から公園まで歩いたところ，ひかりさんの歩はばで130歩ありました。ひかりさんの歩はばが（1）で求めた長さとするとき，ひかりさんの家から公園までの道のりは，およそ何mですか。四捨五入して，整数で求めましょう。

(答え) _____

4 けんたさんは，毎週漢字テストを受けています。けんたさんは，テストの点数の平均が16点以上になることを目標にしています。今月のテストは全部で4回あります。けんたさんの点数は，第1週は15点，第2週は14点，第3週は17点でした。けんたさんは第4週のテストで少なくとも何点とればよいですか。

(答え) _____

 おうちの方へ　卵や野菜，果物を複数個買うとき，1個1個の重さを量って，平均を求める練習をしてみてください。整数の値にならないかもしれませんが，平均を"だいたいこのくらい"とわかればよいので，細かく計算する必要はありません。実際に量る→平均を求めるという手順を体験しましょう。

単位量あたりの大きさ

単位量あたりの大きさ

1個あたりのねだんや，1m²あたりの数などのことを，単位量あたりの大きさといいます。

玉ねぎが3個入っている180円のふくろAと玉ねぎが5個入っている290円のふくろBがあります。たまねぎ1個あたりのねだんは，ふくろBのほうが安いとわかります。

A：180÷3 ＝60（円）
B：290÷5 ＝58（円） ──→ Bのほうが安い

人口と面積の場合は，面積1km²あたりの人口を人口密度といいます。

大切 人口密度＝人口÷面積。

速さ

単位時間あたりに進む道のりを速さといいます。

時速は，1時間に進む道のりを表した速さ，

分速は，1分間に進む道のりを表した速さ，

秒速は，1秒間に進む道のりを表した速さです。

2時間で100km進んだ自動車の速さは，100÷2 ＝50で，1時間あたりに50km進んでいるので，時速50kmと表せます。

大切 速さ＝道のり÷時間。

道のり＝速さ×時間。

時間＝道のり÷速さ。

おうちの方へ “あの子は足が速い”などはよく使う表現ではないでしょうか。速さとは，ある一定の時間にどの程度進むかを表しています。速さが速い場合は，速さの数字が大きくなります。新幹線などが開通すると最高速度が発表されることもあり，身近に感じる話題が多い単元かもしれません。

右の表は，A，Bの2つの公園の面積と，それぞれの公園で遊んでいる子どもの人数をまとめたものです。どちらの公園のほうが混んでいるといえますか。

	面積 （m²）	人数 （人）
A	72	9
B	40	6

1m²あたりの子どもの人数は，

A　9÷72＝0.125

B　6÷40＝0.15

Bのほうが，1m²あたりの人数が多いので混んでいます。　　　（答え）　Bの公園

1人あたりの面積を求めて，面積が少ないほうが混んでいると考えてもいいよ。

あずささんは，自転車で4000mの道のりを20分間で走ります。次の問題に答えましょう。あずささんが自転車で走る速さは変わらないものとします。

（1）　あずささんが自転車で走る速さは分速何mですか。

（2）　あずささんが3000mの道のりを自転車で走るのに何分かかりますか。

（1）　速さ＝道のり÷時間なので，

4000÷20＝200

　　　　　　　　　（答え）　分速200m

（2）　時間＝道のり÷速さなので，

3000÷200＝15

　　　　　　　　　（答え）　　15分

道のりと時間の単位に気をつけよう。

おうちの方へ　例題1のように，単位量あたりの大きさの考え方を使えば，2つの場所の面積や人数などが違っていても比較することができます。これは次の単元の学習内容である割合にもつながる考え方です。

1 下の表は，A市とB市の面積と人口をまとめたものです。それぞれの市の人口密度を，四捨五入して百の位までの概数で求めましょう。また，人口密度が多いのはどちらの市か答えましょう。

	面積 （km²）	人口 （人）
A市	438	3754000
B市	9	76000

（答え）A市 ＿＿＿＿＿＿＿＿ , B市 ＿＿＿＿＿＿＿＿ ,

人口密度が多い市 ＿＿＿＿＿＿＿＿＿＿＿＿＿＿

2 8Lのガソリンで152km走る自動車Aと，9Lのガソリンで180km走る自動車Bがあります。次の問題に答えましょう。

（1） ガソリン1Lあたりで走る道のりは，どちらの自動車が何km長いですか。

（答え）＿＿＿＿＿＿＿＿＿＿＿＿＿＿＿＿＿＿

（2） 自動車Aは，ガソリン20Lで何km走ることができますか。

（答え）＿＿＿＿＿＿＿＿＿＿＿＿＿＿＿＿＿＿

おうちの方へ 単位量あたりの大きさも，日常生活の中で練習することができます。1袋に複数個入っている野菜や果物の個数と値段から，「1個あたりの値段は何円？」と聞いてみましょう。お店でまとめ買いをすすめる表示の中には，“1つあたり○○円”と書いてあるものもあるかもしれません。

答えは130ページ →

③ 次の▢にあてはまる数を答えましょう。

（1） 秒速2m＝分速▢m

（答え）＿＿＿＿＿＿＿＿＿＿＿＿＿＿＿＿

（2） 分速500m＝時速▢km

（答え）＿＿＿＿＿＿＿＿＿＿＿＿＿＿＿＿

（3） 時速19.2km＝分速▢m

（答え）＿＿＿＿＿＿＿＿＿＿＿＿＿＿＿＿

④ さくらさんの歩く速さは分速80mです。次の問題に答えましょう。さくらさんの歩く速さは変わらないものとします。

（1） さくらさんが5分間歩くと，進む道のりは何mですか。

（答え）＿＿＿＿＿＿＿＿＿＿＿＿＿＿＿＿

（2） さくらさんの家から駅までの道のりは2.4kmです。さくらさんが家から駅まで歩いて行くと，何分かかりますか。

（答え）＿＿＿＿＿＿＿＿＿＿＿＿＿＿＿＿

おうち
の方へ　③のような速さの単位の換算は，適当な値で作って，たくさん練習してください。問題を作る際の注意点としては，（3）のように，時速から分速，分速から秒速に換算する問題の場合，6でわり切れる数にしましょう。

2-8 割合

割合（わりあい）

比べる量（りょう）がもとにする量の何倍（ばい）にあたるかを表す数を割合といいます。

長さが５mの赤いリボンと，長さが２mの白いリボンがあります。

赤いリボンの長さをもとにしたとき，白いリボンの長さの割合（あらわ）は，

$$\underset{\text{比べる量}}{2} \div \underset{\text{もとにする量}}{5} = 0.4 \text{（倍）}$$

で，0.4倍です。

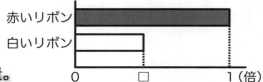

赤いリボン
白いリボン
0　□　1（倍）

大切　割合＝比べる量÷もとにする量。
　　　　比べる量＝もとにする量×割合。
　　　　もとにする量＝比べる量÷割合。

百分率と歩合

もとにする量を100としたときの割合の表し方を百分率（ひゃくぶんりつ）といいます。割合を表す小数0.01を１％（１パーセント）として表します。

歩合は，割合の表し方の１つで，割合を表す小数0.1を１割（わり），0.01を１分（ぶ），0.001を１厘（りん）といいます。

定員（ていいん）が40人の船（ふね）に16人の乗客（じょうきゃく）がいるとき，乗客の定員に対する割合は，

16÷40＝0.4　これを百分率で表すと40％，歩合で表すと４割です。

大切

割合を表す小数	1	0.1	0.01	0.001
百分率	100%	10%	1％	0.1%
歩合	10割	1割	1分	1厘

おうちの方へ　割合は，昔から難しくて苦手と感じる子どもが多い学習内容ですが，中学校でも引き続き学びます。４年生での学習内容を思い出しながら，割合を利用するよさを理解し，段階的に学習を進めていきましょう。基礎を身に付けることで，割合の学習が好きになれるとよいですね。

例題1

　　はやてさんと妹は，あさがおを育（そだ）ててい
ます。右の表（ひょう）は，7月1日と8月1日の，
はやてさんと妹のあさがおのツルの長さを
測（はか）り，まとめたものです。どちらのあさが
おのツルほうがのびましたか。

	7月1日	8月1日
はやてさん	20cm	100cm
妹	15cm	90cm

もとにする量は
どれかな。

はやてさんと妹のあさがおのツルの長さがそれぞれ何倍に
なったかを求（もと）めます。

割合＝比べる量÷もとにする量なので，

　　はやてさん　　100÷20＝5

　　妹　　　　　　90÷15＝6

です。妹のあさがおのツルは6倍になったので，妹のほうがのびたといえます。

（答え）　　　妹

例題2

　　次（つぎ）の□□□□にあてはまる数を答えましょう。

（1）　60%＝□□□割　　　　　（2）　4割＝□□□%

10%＝1割，
1%＝1分だよ。

（1）　60%を小数で表すと，0.6です。割合を表す0.1は

　　　1割なので，6割になります。　　　　　（答え）　　6

（2）　4割を小数で表すと，0.4です。

　　　割合を表す小数を百分率にするときは100倍すればよい

　　　ので，40%です。　　　　　　　　　　　（答え）　40

おうち
の方へ

割合は"あるものの量がもう一方の量の何倍にあたるか"を表すので，割合を比べるということ
は，2つの数量の関係どうしを比べるということです。ⓐ30円→120円ⓑ40円→120円，とい
う場合，ⓐは4倍，ⓑは3倍なので，ⓐとⓑではⓐのほうが値上がりしているとわかります。

練習問題 ・・● 割合 ●・・

1 次の□にあてはまる数を答えましょう。

（1）　500mの40%は□mです。

（答え）＿＿＿＿＿＿＿＿＿＿＿

（2）　□Lの60%は300Lです。

（答え）＿＿＿＿＿＿＿＿＿＿＿

（3）　700gの□%は140gです。

（答え）＿＿＿＿＿＿＿＿＿＿＿

2 ある小学校の5年生の児童数は全部で150人です。次の問題に答えましょう。

（1）　5年生の48%が習い事をしています。習い事をしている人は何人いますか。

（答え）＿＿＿＿＿＿＿＿＿＿＿

（2）　5年生でメガネをかけている人は24人です。メガネをかけている人の割合は何割何分ですか。

（答え）＿＿＿＿＿＿＿＿＿＿＿

答えは 131 ページ →

3 あかりさんの身長は144cmで，これはあかりさんのお父さんの身長の80%です。あかりさんのお父さんの身長は何cmですか。

（答え）_____

4 ある店で，Tシャツを１まい2000円で仕入れ，仕入れ額の30%の利益が出るようにねだんをつけました。次の問題に答えましょう。

（１） Tシャツ１まいのねだんは何円ですか。

（答え）_____

（２） セールの日に，Tシャツをもとのねだんの２割引きで売りました。割引き後のTシャツのねだんは何円ですか。

（答え）_____

おうち
の方へ
練習問題では，割合を求めるだけでなく，比べる量やもとにする量を問う問題も複数あります。公式を学びましたが，ただ当てはめるのではなく，どの数値がどの量にあたるか，言葉でもしっかり説明できるように促しましょう。

割合のグラフ

全体を長方形で表し，線で区切って各部分の割合を表したグラフを帯グラフといいます。全体を円で表し，半径で区切って各部分の割合を表したグラフを円グラフといいます。

ある野菜の都道府県別しゅうかく量

都道府県	生産量（t）	割合（%）
A県	36,500	24
B県	25,400	17
C県	20,400	14
D県	10,400	7
その他	57,300	38
合計	150,000	100

（参考：農林水産省ウェブサイト）

帯グラフにすると

ある野菜の都道府県別しゅうかく量の割合

A県	B県	C県	D県	その他

0　10　20　30　40　50　60　70　80　90　100%

円グラフにすると

ある野菜の都道府県別しゅうかく量の割合

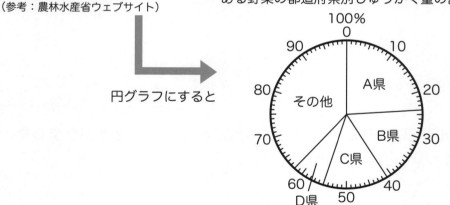

大切　帯グラフや円グラフは，全体と部分の割合や，部分と部分の割合のちがいがわかりやすくなる。

おうちの方へ　5年生のグラフの学習の中で大きな目標となるのは，グラフを示す目的によって，データの種類，収集方法，分類方法，整理方法をどうするか考えたり，どのような表やグラフで表すか考えたりして，最終的にふさわしいものを選ぶことができるようになることです。

下の帯グラフは，ある小学校の5年生全員のいちばん好きな給食のメニューを調べ，その人数の割合を表したものです。ラーメンと答えた人は5年生全体の何%ですか。

好きな給食調べ

┌ からあげ

| カレーライス | ラーメン | ハンバーグ | あげパン | | その他 |

0　10　20　30　40　50　60　70　80　90　100%

グラフの目もりから割合を読み取ります。

「ラーメン」の部分の左側の目もりは28%を，右側の目もりは50%を指しているので，50−28＝22

（答え）　　22%

右の円グラフは，ある小学校の児童700人について，その血液型を調べ，その人数の割合を表したものです。血液型がO型の人は何人いますか。

グラフの目もりから割合を読み取ります。「O型」の部分は，40%から70%なので，70−40＝30です。O型の割合は30%とわかったので，700×0.3＝210

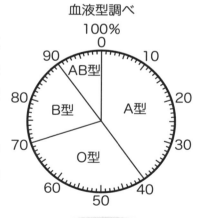

血液型調べ

（答え）　　210人

比べる量は，もとにする量×割合で求められるね。

おうちの方へ　課題を解決するための手順に，PPDACサイクルがあります。P（Problem：問題設定），P（Plan：計画作成），D（Data：データ収集），A（Analysis：分析），C（Conclusion：結論検討）の順に進めましょう，という指標のようなものです。この中では，結論を出して終わりという訳ではありません。P.88へ続く。

1 下の帯グラフは，ある花だんにさいていたチューリップの花について，色別の本数の割合を表したものです。黄色のチューリップの割合は全体の何%ですか。

チューリップの花の色

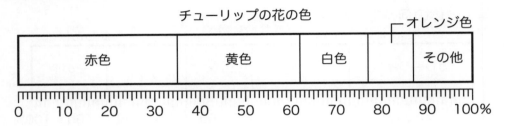

（答え）

2 右の円グラフは，5年生の児童150人全員のいちばん好きな教科を調べ，その人数の割合を表したものです。次の問題に答えましょう。

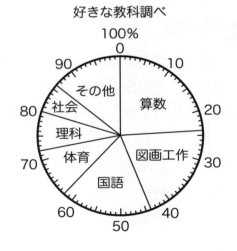

好きな教科調べ

（1）国語と答えた人の割合は，社会と答えた人の割合の何倍ですか。

（答え）

（2）算数と答えた人は何人ですか。

（答え）

おうちの方へ　データの分析方法は的確なものだったか，結論の出し方や表現の仕方は適切なものだったかなども検討する必要があります。また，1つのサイクルの中で新たな課題が見つかることが多々あります。その際は，再びサイクルを回していくことになります。P.89へ続く。

答えは 132 ページ

3 下の帯グラフは，2013年と2023年に，ある地域の１年生全員の使っているランドセルの色を調べ，その人数の割合を表したものです。次の問題に答えましょう。

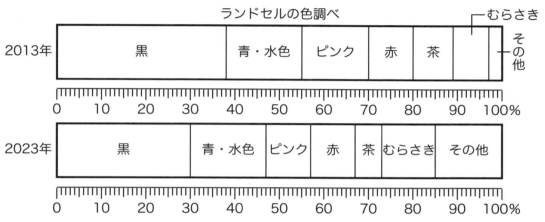

ランドセルの色調べ

（１） 2013年のピンクの割合は全体の何％ですか。

（答え）＿＿＿＿＿＿＿＿＿＿＿

（２） この帯グラフから読み取れることとして，正しいといえるものを，下のあからえまでの中から１つ選びましょう。

あ 2013年と2023年の，青・水色の人数は同じである。

い 2023年で，３番めに割合が多いのはピンクである。

う 2013年から2023年までの間に，むらさきの割合は２倍に増えている。

え 2013年は赤よりピンクの割合が大きく，2023年は赤とピンクの割合が等しい。

（答え）＿＿＿＿＿＿＿＿＿＿＿

おうちの方へ この考え方が習慣になると，本来の目的を見失ったり，見当違いの方向へ結論を導いたりする事態を避けることができます。学習や仕事を進める際にも，生活の中で問題が発生した際にも，役に立つはずです。この単元では，こうした能力も身に付けていきましょう。

2-10 四角形と三角形の面積

平行四辺形で，1つの辺を底辺としたとき，その底辺に垂直な直線の長さを高さといいます。

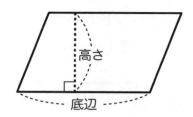

三角形で，1つの辺を底辺としたとき，その辺と向かい合う頂点から底辺に垂直にひいた直線の長さを高さといいます。

台形で，平行な2つの辺を上底と下底といいます。また，上底と下底に垂直な直線の長さを高さといいます。

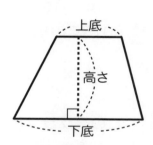

大切 平行四辺形の面積＝底辺×高さ。
三角形の面積＝底辺×高さ÷2。
台形の面積＝（上底＋下底）×高さ÷2。
ひし形の面積＝対角線×対角線÷2。

おうち
の方へ　4年生では，正方形と長方形の面積について学習しました。5年生では，その他の四角形や三角形の面積を学習します。それぞれ公式が少しずつ違うので，教科書なども見ながら公式の意味も併せて学習し，理解を深めてください。

例題 1

下の平行四辺形の面積は何cm²ですか。

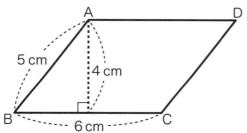

高さは底辺に垂直だから，辺ABの長さは高さではないよ。

辺BCを底辺とすると，高さは4cmです。

平行四辺形の面積＝底辺×高さなので，

$6 × 4 = 24$

（答え）　　24cm²

例題 2

下の三角形の面積は何cm²ですか。

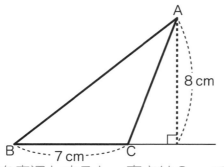

高さが三角形の外側(そとがわ)にあるんだね。

辺BCを底辺とすると，高さは8cmです。

三角形の面積＝底辺×高さ÷2なので，

$7 × 8 ÷ 2 = 28$

（答え）　　28cm²

おうち
の方へ　　例題1，例題2とも，底辺と高さの関係がしっかり理解できているか確認できる問題です。例題2は，P.90の図の底辺と高さの位置関係ではありませんので，言葉での解説を読み直しながら，例題の図を見て底辺と高さについて定着させましょう。

1 次の図形の面積は，それぞれ何cm²ですか。

（1） 平行四辺形

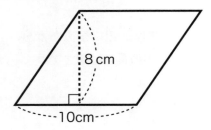

（答え）＿＿＿＿＿＿＿＿＿＿＿＿＿＿

（2） 直角三角形

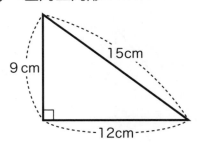

（答え）＿＿＿＿＿＿＿＿＿＿＿＿＿＿

（3） 台形

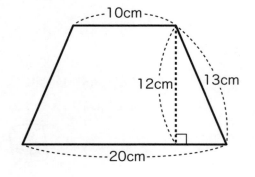

（答え）＿＿＿＿＿＿＿＿＿＿＿＿＿＿

（4） ひし形

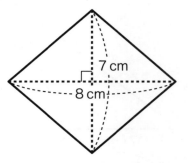

（答え）＿＿＿＿＿＿＿＿＿＿＿＿＿＿

> **おうち の方へ** 参考書などでは，図形の問題は問題数が少なくなりがちです。紙にいろいろな四角形や三角形を描いて練習してください。辺が1本だけ長すぎたり短すぎたりしないように，ノートや方眼紙を使って描くことをおすすめします。

答えは 133 ページ →

2 次の図形の色をぬった部分の面積は，それぞれ何cm²ですか。

（1）

2 cm
4 cm
4 cm
8 cm

（2）

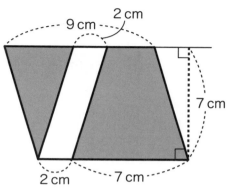

9 cm
2 cm
7 cm
2 cm
7 cm

（答え） _____

（答え） _____

3 下の図の四角形ABCDはひし形で，四角形EFCDは台形です。台形EFCD
の面積は何cm²ですか。

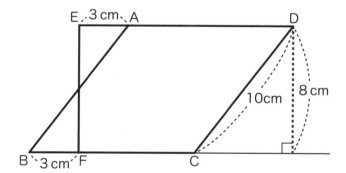

E 3 cm A
D
10cm
8 cm
B 3 cm F
C

（答え） _____

> **おうち
> の方へ**　③は複数の図形が組み合わさっているように見えます。混乱しているようなら，問題文にある頂
> 点を丁寧に追って，辺をなぞって濃くしたり，別の場所に抜き出して描いておいたり，整理して
> から解くように促してください。

変わり方

たての長さが4cmの長方形があります。
横(よこ)の長さを1cm, 2cm, 3cm, …と変(か)えて
いったときの, 面積(めんせき)の変(か)わり方をまとめます。

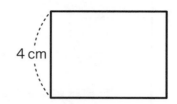

4cm

横の長さ (cm)	1	2	3	4	5	6
面積　　(cm²)	4	8	12	16	20	

上の表から, 横の長さが1ずつ増(ふ)えると, 面積は4ずつ増えていくことがわか
ります。また, 面積はいつも横の長さの4倍(ばい)になっています。
横の長さを○cm, 面積を□cm²として, ○と□の関係(かんけい)を式に表すと,

$$\underset{\text{横の長さ}}{\bigcirc} \times \underset{\text{たての長さ}}{4} = \underset{\text{面積}}{\square}$$

となります。

この式を使(つか)うと, 横の長さが6cmのときの, 面積を求めることができます。
○に6をあてはめると,

$$6 \times 4 = \square$$

で, □にあてはまる数は24なので, 面積は24cm²となります。

> **大切** 数の関係を表にまとめたり, 式で表したりすることで, 変わり方を
> 調べることができる。

おうち
の方へ　　変わり方は, 6年生や中学校の内容の比例と反比例や, 中学校の内容の1次関数につながる学習
内容です。まずは, 表を正確に読み取れることを目指します。解説にあるように, "○○が△増
える(減る)と, それに伴って□□が◇だけ増える(減る)"という関係を見つけましょう。

色紙が20まいあります。工作に何まいか使いました。使った色紙のまい数を〇まい，残りの色紙のまい数を△まいとするとき，次の問題に答えましょう。

使った色紙　〇（まい）	1	2	3	4
残りの色紙　△（まい）	19	18	17	㋐

（1）　表の㋐にあてはまる数を求めましょう。

（2）　〇と△の関係を式に表しましょう。

（1）　使った色紙は4まいなので，20－4＝16　　（答え）　　16

（2）　使った色紙のまい数と残り色紙のまい数の和はいつも20になっているので，〇＋△＝20
　　　　　　　　　　　　　　　　　　　　（答え）〇＋△＝20

1個60円のみかんを何個か買います。買うみかんの個数を〇個，代金を△円とするとき，次の問題に答えましょう。

みかんの個数　〇（個）	1	2	3	…	5
代金　　　　　△（円）	60	120	180	…	300

表をよく見て，きまりを見つけよう。

（1）　〇と△の関係を式に表しましょう。

（2）　みかんを6個買ったときの代金は何円ですか。

（1）　代金はいつも個数を60倍した数になっているので，〇×60＝△
　　　　　　　　　　　　　　　　　　　　（答え）〇×60＝△

（2）　〇×60＝△の〇に6をあてはめると，6×60＝△で，△＝360です。
　　　　　　　　　　　　　　　　　　　　（答え）　　360円

おうちの方へ　表に表されていることが理解できていないようなら，例題1の状況を再現してみてください。紙を20枚用意して，「1枚使うと，残りは19枚だね。2枚使うと残りは？表にかいてある通りになるね」と，声をかけてみてください。理解するきっかけをつくりましょう。

① 同じ長さのぼう30本をならべて，長方形をつくります。下の表は，たての本数と横の本数についてまとめたものです。次の問題に答えましょう。

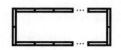

たての本数 （本）	1	2	3	4	5
横の本数 （本）	14	13	12	11	㋐

（1） 表の㋐にあてはまる数を求めましょう。

(答え)

（2） たての本数を○本，横の本数を□として，○と□の関係を式に表しましょう。

(答え)

② 下の表は，水そうに1分間に6Lずつ水を入れていったときの，時間と水のかさの関係を表したものです。次の問題に答えましょう。

時間 （分）	1	2	3	4	…	6
水のかさ （L）	6	12	18	24	…	㋐

（1） 表の㋐にあてはまる数を求めましょう。

(答え)

（2） 時間を○分，水のかさを△Lとして，○と△の関係を式に表しましょう。

(答え)

（3） 水を8分間入れたとき，水のかさは何Lですか。

(答え)

おうちの方へ　表を読んで式に表すことに慣れてきたら，身のまわりでも“伴って変わるもの”を探してみましょう。本を読むときの読んだページ数と残りのページ数，ペットボトルの飲み物を買うときの本数と重さなど，たくさんあります。見つけたら，一緒に表や式を作ってみましょう。

答えは 134 ページ →

3 高さが 8 cm の積み木を積みます。下の表は，積んだ積み木の個数と積み木の高さの関係を表したものです。次の問題に答えましょう。

積み木の個数（個）	1	2	3	4	…	7
高さ　　　　（cm）	8	16	24	32	…	⑦

（1） 表の⑦にあてはまる数を求めましょう。

(答え) _____

（2） 積み木を□個積んだときの高さを△cmとして，□と△の関係を式に表しましょう。

(答え) _____

（3） 積み木の高さが 72cm のとき，積んだ積み木は何個ですか。

(答え) _____

4 みずほさんは，1000円を持ってペンを買いに行きました。ペンは 1 本150円で売られています。このとき，式「1000－150×○＝□」はどのようなことを表していますか。下の⑧，⑩，⑨の中から正しいものを，1つ選びましょう。

⑧　ペンを○本買ったときの代金は□円です。

⑩　ペンを○本買ったときの残りの本数は□本です。

⑨　1000円を出して，ペンを○本買ったときのおつりは□円です。

(答え) _____

おうちの方へ　④が進められないようなら，「全部式に表してみよう」と声をかけてください。言葉を式に表すことは，文章題を解く際に必須です。表せたら，それぞれの式から，別の物語を作る練習もしましょう。どちらの方向も練習することで，定着を促します。

正多角形と円

直線で囲まれた図形を多角形といいます。

辺の長さがすべて等しく，角の大きさもすべて等しい多角形を正多角形といいます。

円の中心のまわりを，辺の数で等分して半径をかき，円と交わった点を頂点として結ぶと，正多角形をつくることができます。

正八角形

大切 正多角形には，正三角形，正方形，正五角形，正六角形などがある。

正三角形　　　正方形　　　正五角形　　　正六角形

円のまわりの長さ

円のまわりの長さのことを円周といい，円周の長さが直径の長さの何倍になっているかを表す数を円周率といいます。

円周率は，くわしく求めると，3.14159…となりますが，四捨五入した3.14を使います。

直径が10cmの円の円周の長さは，直径の3.14倍なので，

　　10×3.14＝31.4

で，31.4cmです。

円周

‥‥10cm‥‥

大切 円周＝直径×3.14（円周率）。円周率＝円周÷直径。

おうち
の方へ
P.60で多角形について触れましたが，ここでは正多角形を学習します。正三角形，正方形も正多角形で，共通の性質は，辺の長さがすべて等しく，角の大きさもすべて等しいことです。これを覚えていれば，他の正多角形も自然に理解が進むのではないでしょうか。

下の図のように，円の中心のまわりを５等分して正五角形をかきました。あの角，いの角の大きさは何度ですか。

正五角形は，円の半径によって，５つの二等辺三角形に分けられているよ。

あの角は，360°を５等分しているので，

360°÷5＝72°

三角形の３つの角の和は180°で，いとうの角の大きさは等しいので，いの角は，

（180°−72°）÷2＝54°

（答え）あ　72°　，　い　54°

例題2

直径が３cmの円の円周の長さは何cmですか。

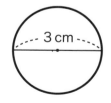

3 cm

円周＝直径×円周率だね。

3 ×3.14＝9.42
直径　円周率

（答え）　9.42cm

おうちの方へ　P.98にあるように，正多角形は円を利用して描くことができます。また，正多角形は，円の内側にぴったり入り，円の外側にぴったりくっつくという性質があります。正多角形は円と組み合わせて学習を進めましょう。

1　右の図のように, 半径2cmの円の中心の
まわりを6等分して, 正六角形をかきまし
た。次の問題に答えましょう。

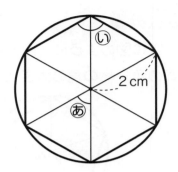

（1）　あ, いの角の大きさは, それぞれ何度で
すか。

（答え）あ 　　　　　　　　, い

（2）　正六角形のまわりの長さは何cmですか。

（答え）

2　次の円の円周の長さは何cmですか。

（1）　直径が5cmの円

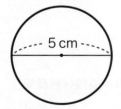

5cm

（2）　半径が6cmの円

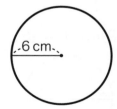

6cm

（答え）　　　　　　　　　　　　（答え）

おうち
の方へ
②（2）は半径が示されていますが, 円周の長さを求めるためには直径が必要です。半径に円周
率をかけてしまうようなら, 落ち着いて問題文や図を見てから解くように促しましょう。6年生
では, 円の面積を学習します。混乱しないように, 円周の長さはここで定着させましょう。

答えは 135 ページ →

3 次の円の円周の長さは何cmですか。

（1） 直径が 8 cmの円

（答え）＿＿＿＿＿＿＿＿＿＿＿＿＿＿

（2） 半径が 7 cmの円

（答え）＿＿＿＿＿＿＿＿＿＿＿＿＿＿

4 次の図形の色をぬった部分のまわりの長さは何cmですか。

（1）

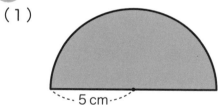

5 cm

（答え）＿＿＿＿＿＿＿＿＿＿＿＿＿＿

（2）

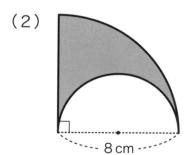

8 cm

（答え）＿＿＿＿＿＿＿＿＿＿＿＿＿＿

**おうち
の方へ** 色を塗った部分の周りの長さは，円周の部分だけでなく，直線部分を含めなければなりません。忘れがちなので，間違えていたら「次は直線部分を忘れないようにしようね」と声をかけて，今後注意を怠らないように促しましょう。

2-13 角柱と円柱

合同で平行な2つの多角形と，長方形や正方形で囲まれた立体を角柱といいます。角柱は平面だけで囲まれています。

合同で平行な2つの円と，曲面で囲まれた立体を円柱といいます。

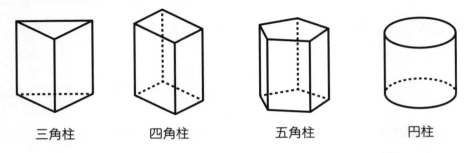

三角柱　　　　　四角柱　　　　　五角柱　　　　　円柱

角柱や円柱の上下の面を底面といいます。

底面以外のまわりの面を側面といいます。側面は底面に垂直です。

底面に垂直な直線（側面のたての辺）の長さを高さといいます。

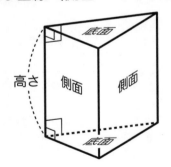 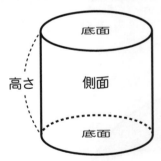

大切 ▶ 角柱は，底面の形で立体の名前がわかる。

直方体や立方体は，四角柱とみることができる。

　右の図のような立体について，次の問題
に答えましょう。

（1）　この立体の名前を答えましょう。

（2）　面，辺，頂点の数をそれぞれ答えま
　　　しょう。

（1）　底面が三角形で，平面だけで囲まれ
　　　ているので，三角柱です。

（答え）　　三角柱

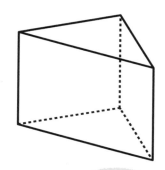

角柱は，底面の
形によって名前
が決まるよ。

（2）　角柱の底面は2つあります。角柱の
　　　側面は，底面の辺の数だけあるので，
　　　側面の数は3つです。底面と側面の数
　　　を合わせて，面の数は5つです。
　　　角柱の辺の数は，底面の辺の数の3倍
　　　です。角柱の頂点の数は，底面の頂点
　　　の数の2倍です。

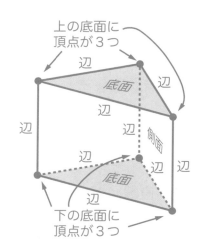

上の底面に
頂点が3つ

底面

辺

辺

辺

辺

辺

側面

辺

辺

辺

底面

辺

下の底面に
頂点が3つ

（答え）面　5，辺　9，頂点　6

おうち
の方へ

P.102の解説にあるように，直方体や立方体も四角柱といえます。当然，面，辺，頂点などの言葉は，この単元でも使います。直方体と立方体の学習内容も復習しながら，立体の性質についての知識を定着させてください。

1 　右の図のような立体について，次の問題に答え
ましょう。

（1）　この立体の名前を答えましょう。

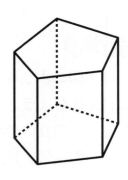

　　　　　　　　（答え）_____

（2）　面，辺，頂点の数を答えましょう。

　　　　　　（答え）面　　　　　，辺　　　　　，頂点　　　　　

2 　右の図は，三角柱の展開図です。
次の問題に答えましょう。

（1）　この展開図を組み立てたとき，点
アに重なる点はどれですか。すべて
答えましょう。

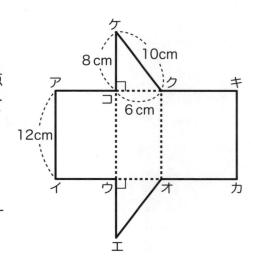

　　　　　　（答え）_____

（2）　直線イカの長さは何cmですか。

　　　　　　　　　　　　　　　　　（答え）_____

②が難しいようなら，図を別の紙に写して切り取り，実際に組み立ててみましょう。慣れるまで
は，たくさん作って確認してください。何度も実際に組み立てているうちに，頭の中でも組み立
てられるようになるはずです。

答えは136ページ

❸ 図2は，図1の三角柱の展開図を途中までかいたものです。ものさしを使って，図2に続きをかき，展開図を完成させましょう。

図1

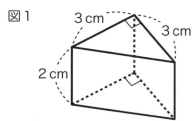

図2

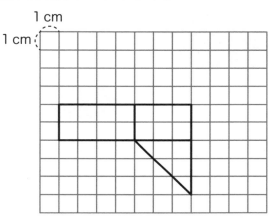

❹ 右の図は，円柱の展開図です。次の問題に答えましょう。ただし，円周率は3.14とします。

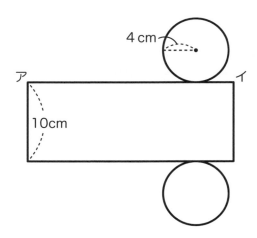

（1） 組み立てたときにできる円柱の高さは何cmですか。

（答え）＿＿＿＿＿＿＿＿＿＿＿＿＿

（2） 辺アイの長さは何cmですか。

（答え）＿＿＿＿＿＿＿＿＿＿＿＿＿

おうちの方へ 展開図を描くとき，"立体を転がす"という方法があります。側面や底面を，ずれないように1つ1つ写し取っていくことで描けます。一方で，P.104の②で展開図を組み立てる練習を続けると，立体を切り開いて図にすることも，頭の中でできるようになるでしょう。

星の形

多角形の角に，あるきまりで番号がふられているよ。

残りの角にもそのきまりにしたがって番号を全部ふってから，

1から数字の順番に線で結んでいくと，星の形がつくれるよ。

右のページの多角形ではどんな星ができあがるかな。

最後は1にもどってくるようにかいてね。

五角形の星の例

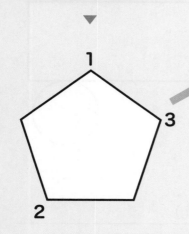

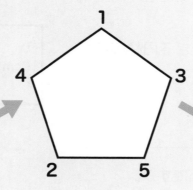

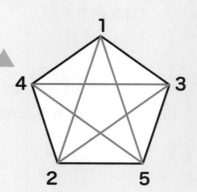

八角形の星 ▶

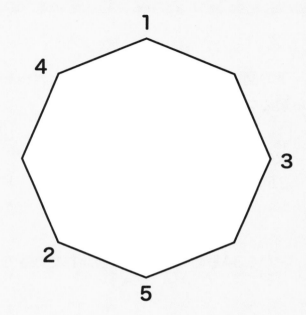

十角形の星 ▶

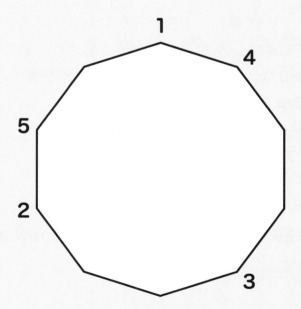

答えは 143 ページ

1 下の図のように，数字が書かれたカードをあるきまりにしたがって左から順にならべます。

1, 1, 2, 1, 2, 3, 1, 2, 3, 4, 1, …

次の問題に答えましょう。

（1） 3回めに 4 が出てくるとき，そのカードは左から何番めですか。

（答え）＿＿＿＿＿＿＿＿＿＿＿＿＿

（2） 左から34番めのカードに書かれた数字を求めましょう。

（答え）＿＿＿＿＿＿＿＿＿＿＿＿＿

2 2つの整数と，★をならべた新しい計算を考えます。「□★□」は，★左の数を，★右の数でわったあまりの数を表すことにします。たとえば，7★2は，7を2でわったあまりの数を表すので，7÷2＝3あまり1より，7★2＝1です。

次の問題に答えましょう。

（1） 27★5が表す数を求めましょう。

（答え）＿＿＿＿＿＿＿＿＿＿＿＿＿

（2） 29★□＝4の□にあてはまる数を全部求めましょう。

（答え）＿＿＿＿＿＿＿＿＿＿＿＿＿

3　図1のように，同じ大きさの立方体の形をした積み木を20個使って，ゆかの上に立体をつくりました。この立体について，図2のように，他の積み木やゆかとくっついている面以外の面に色をぬります。次の問題に答えましょう。

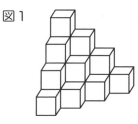

図1

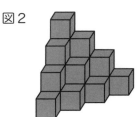

図2

（1）　4つの面に色がぬられている積み木は全部で何個ですか。

　　　　　　　　　　（答え）＿＿＿＿＿＿＿＿＿＿＿＿＿

（2）　3つの面に色がぬられている積み木は全部で何個ですか。　　　　　　　　　　　　　　（答え）＿＿＿＿＿＿＿＿＿＿＿

（3）　1つの面に色がぬられている積み木は全部で何個ですか。

　　　　　　　　　　　　　　　　　（答え）＿＿＿＿＿＿＿＿＿＿＿

4　日本で昔から使われてきた長さを表す単位に「間」，「尺」，「寸」があります。それぞれの長さの関係は，1間＝6尺，1尺＝10寸です。1寸＝3.03cmとして，次の問題に答えましょう。

（1）　1間は何寸ですか。

　　　　　　　　　　　　　　　　　（答え）＿＿＿＿＿＿＿＿＿＿＿

（2）　9.09mは何間ですか。

　　　　　　　　　　　　　　　　　（答え）＿＿＿＿＿＿＿＿＿＿＿

解答・解説

大きい数と概数

P14, 15

解答

❶ （1） 5億4000万 （2） 68億
❷ （1） 987654321100
　　（2） 100123456789
❸ （1） 7200000000円
　　（2） 594000000円
❹ 71000円
❺ 1165000人以上1175000人未満

解説

❶
（1） この数直線では，1億を10等分しているので，いちばん小さい1目もりは1000万を表しています。あは，5億より4目もり右にあるので，5億より4000万大きい数で，5億4000万です。

（答え）　　5億4000万

（2） いは，6億より8目もり右にあるので，6億より8000万大きい数で，6億8000万です。整数は，10倍すると位が1つ上がるので，6億8000万を10倍した数は68億です。

（答え）　　68億

❷
（1） 大きい数字から順にならべていきます。

（答え）　987654321100

（2） いちばん上の位は0にはなりません。いちばん上の位を1にして，残りの数字を小さい数字から順にならべていきます。

（答え）　100123456789

❸
（1） 千万の位を四捨五入します。
7235984587 → 7200000000
（答え）　7200000000円

（2） 十万の位を四捨五入します。
593687954 → 594000000
（答え）　594000000円

❹
上から3けための百の位を四捨五入します。
パソコン…97658 → 98000
プリンター…26580 → 27000
98000−27000=71000
（答え）　　71000円

❺
一万の位までの概数で表すときは，千の位を四捨五入します。

1160000 1165000 1170000 1175000 1180000

1165000以上1175000未満

1175000は千の位を四捨五入すると1180000になるので入りません。
（答え）　1165000人以上1175000人未満

整数のわり算

P18, 19

解答

① （1）24 　　　　（2）35
　　（3）9あまり6 　（4）76
② 12ふくろできて2個あまる
③ （1）85まい 　　（2）27日
④ （1）175円 　　（2）14本

解説

①

（1）
```
      2 4
  7)1 6 8
    1 4
    2 8
    2 8
      0
```
（答え）　24

（2）
```
        3 5
  2 8)9 8 0
      8 4
      1 4 0
      1 4 0
          0
```
（答え）　35

（3）
```
          9
  5 4)4 9 2
      4 8 6
          6
```
（答え）　9あまり6

（4）
```
        7 6
  2 6)1 9 7 6
      1 8 2
        1 5 6
        1 5 6
            0
```
（答え）　76

②

（1）　98個を8個ずつ入れるので，

　　98 ÷ 8 = 12 あまり 2

　　_{全部の} _{1ふくろ分} _{ふくろ} _{あまった}
　　個数 　の個数 　の数 　個数

（答え）　12ふくろできて2個あまる

③

（1）　765まいを9つに分けるので，

　　765 ÷ 9 = 85
　　全部の 　ふうとう 　1つ分の
　　まい数 　の数 　まい数

```
      8 5
  9)7 6 5
    7 2
    4 5
    4 5
      0
```

（答え）　85まい

（2）　765まいを29まいずつ使うので，

　　765 ÷ 29 = 26 あまり 11
　　全部の 　1日分の 　日数 　あまった
　　まい数 　まい数 　　まい数

　　あまった11まいを
　　使うのに，もう1日
　　必要なので，
　　26+1＝27

```
        2 6
  2 9)7 6 5
      5 8
      1 8 5
      1 7 4
          1 1
```

（答え）　27日

④

（1）　1さつのねだんは，2800円を16
　　に分けたものなので，
　　2800÷16＝175

```
          1 7 5
  1 6)2 8 0 0
      1 6
      1 2 0
      1 1 2
          8 0
          8 0
            0
```

（答え）　175円

（2）　1820円が126円のいくつ分か求め
　　るので，
　　1820÷126
　　＝14あまり56
　　何本買えるかを
　　求めるので，あま
　　りは考えません。

```
            1 4
  1 2 6)1 8 2 0
        1 2 6
        5 6 0
        5 0 4
          5 6
```

（答え）　14本

1−3
角の大きさ

P22, 23

解答

1（1）60°　　（2）140°
2（1）260°　　（2）295°
3（1）135°　　（2）15°
　　（3）135°　　（4）65°

解説

1

分度器の中心を角の頂点に合わせ，0°の線を1辺に合わせます。もう一方の辺が重なっている目もりを読みます。

（1）

60°

（答え）60°

（2）

140°

（答え）140°

2

（1）

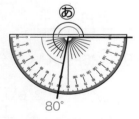

80°

180°より80°大きいから，
180°＋80°＝250°

［別の解き方］

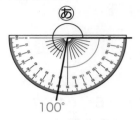

100°

360°より100°小さいから，
360°−100°＝260°

（答え）　　　　260°

（2）

115°

180°より115°大きいから，
180°＋115°＝295°

［別の解き方］

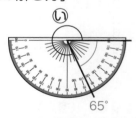

65°

360°より65°小さいから，
360°−65°＝295°

（答え）　　　　295°

3

三角定規の角の角度を書き入れて考えます。

（1）　90°＋45°＝135°

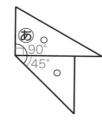

（答え）　135°

（2）　60°−45°＝15°

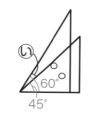

（答え）　15°

（3）　180°−45°＝135°

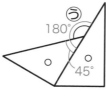

（答え）　135°

（4）　おの角度は，
　　　45°−20°＝25°
　　　えの角度は，
　　　90°−25°＝65°

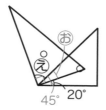

（答え）　65°

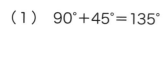

折れ線グラフと表

P26，27

解答

❶（1）6600g
　（2）5月から6月までの間

❷ウ

❸（1）2　　　（2）20
❹（1）15人　　（2）50人

解説

❶

（1）　たてのじくは1000gを5目もりで
　　　表しているので，1000÷5＝200
　　　だから，1目もりは200gを表して
　　　います。7月の体重は，6000gより
　　　3目もり分大きいので，
　　　6000＋200×3＝6600で，6600g
　　　です。

（答え）　6600g

（2）　体重の増え方が大きかったのは，
　　　グラフが右上がりで，かたむきがい
　　　ちばん急なところなので，5月から
　　　6月までの間です。

（答え）　5月から6月までの間

❷

　ア　8月は7月より気温は上がってい
　　ますが，こう水量は減っているので，
　　正しくありません。
　イ　9月は8月より気温は下がってい
　　ますが，こう水量は増えているので，
　　正しくありません。
　ウ　気温がいちばん高い月は8月で，
　　こう水量がいちばん少ないのも8月
　　なので正しいです。

（答え）　　　　ウ

❸

		ねこ		合計
		飼って いる	飼って いない	
犬	飼って いる	㋐	8	㋒
	飼って いない	5		㋑
合計		7		30

（1）　㋐にあてはまる数を求めます。
　　　㋐＋5＝7なので，㋐は，
　　　7－5＝2　　　　（答え）　　2

（2）　㋑にあてはまる数を求めます。
　　　㋐＋8＝㋒なので，
　　　㋒は，2＋8＝10
　　　㋑＋㋒＝30なので，㋑＋10＝30
　　　㋑は，30－10＝20　（答え）　20
　　表を全部うめると，次のようになります。

		ねこ		合計
		飼って いる	飼って いない	
犬	飼って いる	㋐2	8	㋒
	飼って いない	5	15	㋑20
合計		7	23	30

❹

		ティッシュ		合計
		持って いる	持って いない	
ハンカチ	持って いる	38	㋐	53
	持って いない		20	
合計		㋑	㋒	85

（1）　㋐にあてはまる数を求めます。
　　　38＋㋐＝53なので，㋐は，
　　　53－38＝15　　（答え）　15人

（2）　㋑にあてはまる数を求めます。
　　　㋐＋20＝㋒なので，
　　　㋒は，15＋20＝35
　　　㋑＋㋒＝85なので，㋑＋35＝85
　　　㋑は，85－35＝50
　　　　　（答え）　　　　50人
　　表を全部うめると，次のようになります。

		ティッシュ		合計
		持って いる	持って いない	
ハンカチ	持って いる	38	15	53
	持って いない	12	20	32
合計		50	35	85

1−5
垂直・平行・四角形

P30，31

解 答

1 （1） 直線⟨く⟩
（2） 直線⟨あ⟩と直線⟨え⟩,
直線⟨お⟩と直線⟨き⟩
（3） 76°

2 （1） ⟨う⟩, ⟨お⟩
（2） ⟨い⟩, ⟨う⟩, ⟨え⟩, ⟨お⟩

3 （1） 4cm （2） 80°
（3） 180°

4 （1） 8cm （2） 8cm
（3） 120°

解 説

1

（1） 直線⟨い⟩と直線⟨く⟩が交わってできる
角が直角なので, 直線⟨い⟩と垂直に交
わるのは直線⟨く⟩です。
（答え）　　　直線⟨く⟩

（2） 直線⟨あ⟩と直線⟨え⟩は, はばがどこも
等しく, どこまでのばしても交わら
ないので, 平行です。直線⟨お⟩と直線
⟨き⟩も, はばがどこも等しく, どこま
でのばしても交わらないので, 平行
です。
（答え） 直線⟨あ⟩と直線⟨え⟩, 直線⟨お⟩と直線⟨き⟩

（3） 直線⟨お⟩と直線⟨き⟩は平行なので, 他
の直線と等しい角度で交わります。
直線⟨お⟩と直線⟨う⟩の交わる角度が76°
なので, 直線⟨き⟩と直線⟨う⟩の交わる角

度も76°です。（答え）　　　76°

2

（1）　4つの辺の長さがすべて等しい四
角形は, ひし形と正方形です。

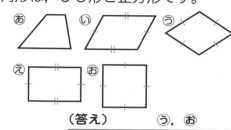

（答え）　　　　⟨う⟩, ⟨お⟩

（2）　対角線がそれぞれの真ん中の点で
交わる四角形は, 平行四辺形, ひし
形, 長方形, 正方形です。

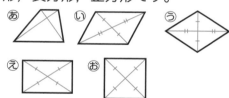

（答え）　　⟨い⟩, ⟨う⟩, ⟨え⟩, ⟨お⟩

3

平行四辺形の向かい合う辺の長さと,
向かい合う角の大きさは, それぞれ等
しいです。

（1）　辺CDの長さは辺ABの長さと等し
いので, 4cmです。
（答え）　　　4cm

（2）　⟨あ⟩の角の大きさはDの角の大きさ
と等しいので, 80°です。
（答え）　　　80°

（3）　◌の角の大きさはⒶの角の大きさ
　　　と等しく，100°です。あの角と◌の
　　　角の大きさの和（わ）は，
　　　　　80°＋100°＝180°　（答え）　180°

④
（1）　四角形ABCDは台形なので，辺AD
　　　と辺BEは平行（へいこう）です。
　　　　また，辺ABと辺DEも平行なので，
　　　向かい合う2組の辺が平行になりま
　　　す。四角形ABEDは平行四辺形です。
　　　　平行四辺形の向かい合う辺の長さ
　　　は等しいので，辺DEの長さは辺AB
　　　の長さと等しく，8cmです。
　　　　　　　　（答え）　　　　8cm

（2）　平行四辺形の向かい合う辺の長さ
　　　は等しいので，辺BEの長さは辺AD
　　　の長さと等しく，12cmです。直線
　　　CEの長さは，辺BCの長さから辺BE
　　　の長さをひいた長さなので，
　　　　　20－12＝8　（答え）　　8cm

（3）　平行な2本の直線は，他（ほか）の直線と
　　　等しい角度（かくど）で交わるので，◌の角度
　　　は60°です。
　　　　あの角度は，180°－60°＝120°です。

　　　　　　　　（答え）　　　　120°

解答

❶（1）34　　　（2）63
　（3）5　　　（4）1500
❷（1）ⓒ　　　（2）ⓘ
　（3）ⓔ
❸（1）ⓒ　　　（2）ⓘ
❹（1）ⓔ　　　（2）ⓞ

解説

❶
（1）　8×5－18÷3
　　　　①　　　③　②

　　　＝40－18÷3
　　　＝40－6
　　　＝34　　　　　　（答え）　　34

（2）　（14＋56÷8）×3
　　　　　　　①
　　　　②
　　　　　　　③

　　　＝（14＋7）×3
　　　＝21×3
　　　＝63　　　　　　（答え）　　63

（3）　160÷（38－3×2）
　　　　　　　　　　①
　　　　　　　②
　　　③

　　　＝160÷（38－6）
　　　＝160÷32
　　　＝5　　　　　　　（答え）　　5

（4） $15 \times 104 - 15 \times 4$
　　 $= 15 \times (104 - 4)$
　　 $= 15 \times 100$
　　 $= 1500$　　　　　（答え）　**1500**

②

（1）　おとな1人分の入館料は1200，子ども1人分の入館料は600なので，入館料の合計は，1200＋600です。
　　　　　　　　　　　（答え）　⑦

（2）　おとな1人分の入館料は1200，子ども5人分の入館料は600×5なので，入館料の合計は，
　　　1200＋600×5です。（答え）　⑦

（3）　おとな1人と子ども1人を組にすると，1組の入館料は1200＋600なので，5組の入館料は，
　　　（1200＋600）×5です。
　　　　　　　　　　　（答え）　①

③

（1）　$6 \times 8 - 6 \times 4$は，たてに6個，横に8個ならんだ●の数から6のまとまりを4つひいたものと考えられるので，⑦の考え方で求めた式です。
　　　　　　　　　　　（答え）　⑦

（2）　2×4は，2のまとまりが4つ，8×2は8のまとまりが2つあることを表しているので，$2 \times 4 + 8 \times 2$は，⑦の考え方で求めた式です。
　　　　　　　　　　　（答え）　⑦

④

（1）　$9 \times 125 \times 8 = 9 \times (125 \times 8)$は，$(\square \times \bigcirc) \times \triangle = \square \times (\bigcirc \times \triangle)$の式の□に9，○に125，△に8をあてはめた式なので，①です。
　　　　　　　　　　　（答え）　①

（2）　$(100 + 5) \times 48 = 100 \times 48 + 5 \times 48$は，$(\square + \bigcirc) \times \triangle = \square \times \triangle + \bigcirc \times \triangle$の式の□に100，○に5，△に48をあてはめた式なので，㋔です。
　　　　　　　　　　　（答え）　㋔

①−7
小数のたし算とひき算
P40，41

解答

① （1）84　　　　（2）0.549
② （1）10.4　　　（2）13.63
③ （1）4.08　　　（2）7.13
④ （1）5.5km　　 （2）0.66km
⑤ （1）0.71kg　　（2）1.37kg

解説

①

（1）　0.84は0.8と0.04を合わせた数です。0.8は0.01を80個集めた数，0.04は0.01を4個集めた数なので，0.84は0.01を84個集めた数です。
　　　　　　　　　　　（答え）　**84**

（2） 0.1を 5 個集（こあつ）めた数は0.5，0.01を
4 個集めた数が0.04，0.001を 9 個
集めた数が0.009なので，0.1を 5 個
と，0.01を 4 個，0.001を 9 個合わ
せた数は，
0.5＋0.04＋0.009＝0.549です。

（答え）　　　0.549

②
（1）
```
  1 1
  6.8 4
+ 3.5 6
1 0.4 0
```

（2）
```
  8.0 0
+ 5.6 3
1 3.6 3
```

（答え）　　10.4　　　　　（答え）　　13.63

③
（1）
```
    1
  8.2 3
- 4.1 5
  4.0 8
```

（2）
```
  8 9
  9.0 0
- 1.8 7
  7.1 3
```

（答え）　　4.08　　　　　（答え）　　7.13

④
（1） 2.42＋3.08＝5.5
```
    1
  2.4 2
+ 3.0 8
  5.5 0
```

（答え）　　5.5km

（2） 3.08－2.42＝0.66
```
  2
  3.0 8
- 2.4 2
  0.6 6
```

（答え）　　0.66km

⑤
（1） 4.17－3.46＝0.71
```
  3
  4.1 7
- 3.4 6
  0.7 1
```

（答え）　　0.71kg

（2） 先週と今週使（つか）った米の重さを合わ
せると，3.46＋4.17＝7.63で，7.63kg
です。
```
  3.4 6
+ 4.1 7
  7.6 3
```

残（のこ）った米の重さは，
全体（ぜんたい）の重さから，先週
と今週使った米の重さ
を合わせたものをひいて求めます。
9－7.63＝1.37
```
    8 9
    9.0 0
  - 7.6 3
    1.3 7
```

［別（べつ）の解（と）き方］
全体の重さから，先週使った重さ
と今週使った重さをひきます。
9－3.46－4.17＝1.37

（答え）　　　1.37kg

（1－8）
面積

P44, 45

解答

① （1） 100cm² 　（2） 96cm²
② （1） 52cm² 　（2） 101cm²
③ （1） 500 　（2） 20
④ （1） 486m² 　（2） 375m²
⑤ 18cm

解説

①
（1） 正方形の面積（めんせき）＝ 1 辺（べん）× 1 辺なので
10×10＝100 　（答え）　100cm²

（2） 長方形の面積＝たて×横（よこ）なので，
12× 8 ＝96 　（答え）　96cm²

②
（1） 次（つぎ）の図のように， 2 つの長方形に
分けて考えます。

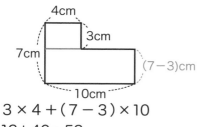

$3 \times 4 + (7-3) \times 10$

$= 12 + 40 = 52$

[別の解き方１]

　２つの長方形に分けて考えます。

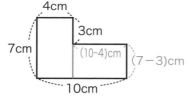

　$7 \times 4 + (7-3) \times (10-4)$

$= 28 + 24 = 52$

[別の解き方２]

　大きな長方形の面積から長方形の面積をひいて求めます。

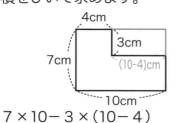

　$7 \times 10 - 3 \times (10-4)$

$= 70 - 18 = 52$　（答え）　**52cm²**

（２）　大きい長方形の面積から正方形の面積をひいて求めます。

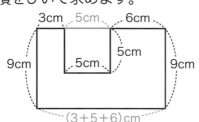

$9 \times (3+5+6) - 5 \times 5$

$= 126 - 25 = 101$

[別の解き方１]

　３つの長方形に分けて考えます。

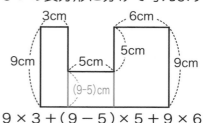

$9 \times 3 + (9-5) \times 5 + 9 \times 6$

$= 27 + 20 + 54 = 101$

[別の解き方２]

　３つの長方形に分けて考えます。

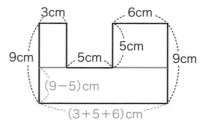

$5 \times 3 + 5 \times 6 + (9-5) \times (3+5+6)$

$= 15 + 30 + 56 = 101$　（答え）**101cm²**

❸

（１）　１aは１辺が10mの正方形の面積です。1a＝100m²なので，5a＝500m²です。　（答え）　**500**

（２）　１km²は１辺が１kmの正方形の面積です。1000000m²＝1km²なので，20000000m²＝20km²です。
　　　（答え）　**20**

④

（1）　18×27＝486

（答え）　486m²

（2）　右の図
のように，
道を右と
下にずら
して考え
ます。

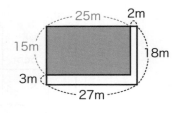

- 25m
- 2m
- 15m
- 18m
- 3m
- 27m

18－3＝15，27－2＝25だから，
畑（はたけ）の面積（めんせき）は，たてが15m，横（よこ）が25m
の長方形の面積と同じなので，

15×25＝375

（答え）　375m²

⑤

横の長さを□cmとすると，
12×□＝216なので，横の長さは，
216÷12＝18

（答え）　18cm

1－9

立方体と直方体

P48, 49

解答

①（1）辺（へん）AB，辺DC，辺HG
　（2）辺AB，辺DC，辺AE，辺DH
　（3）辺AD，辺AE，辺EH，辺DH

②（1）点H　　　（2）辺KL
　（3）平行（へいこう）　面え
　　　垂直（すいちょく）　面あ，面う，面お，面か

③（1）辺IH　　　（2）12cm

④（1）（横15cm，たて20cm，高さ0cm）
　（2）（横0cm，たて0cm，高さ9cm）

解説

①

（1）　四角形AEFB
と四角形EFGH
は長方形なの
で，辺ABと辺
HGは辺EFに平
行です。四角形DHGCも長方形で，
辺DCと辺HGは平行なので，辺DCと
辺EFも平行です。

（答え）　辺AB，辺DC，辺HG

（2）　辺ADと垂直
な辺は，辺AD
と交わる辺AB，
辺DC，辺AE，
辺DHです。

（答え）　辺AB，辺DC，辺AE，辺DH

（3）　面BFGCと平
行な辺は，辺BC
に平行な辺AD，
辺BFに平行な
辺AE，辺FGに
平行な辺EH，辺CGに平行な辺DHで
す。

（答え）　辺AD，辺AE，辺EH，辺DH

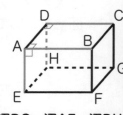

❷ この展開図を組み立てると，次の図のようになります。

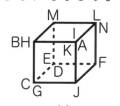

（1） 点Bと重なるのは，点Hです。

（答え）　　　点H

（2） 点Aは点Kと重なり，点Nは点Lと重なるので，辺ANと重なるのは辺KLです。（答え）　　　辺KL

（3） 面○いと平行な面は，面○いと向かい合う面○えです。

面○いと垂直な面は，面○いととなり合う面で，面○あ，面○う，面○お，面○かです。

（答え）平行 面○え

垂直 面○あ，面○う，面○お，面○か

❸ この展開図を組み立てると，次の図のようになります。

（1） 点Eは点Iと重なり，点Fは点Hと重なるので，辺EFと重なるのは辺IHです。

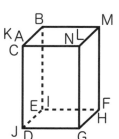

（答え）　　　辺IH

（2） 直線KJの長さは８cm，直線JIの長さは４cmです。

直線KIの長さは直線KJと直線JIの長さの和なので，

８＋４＝12　（答え）　　　12cm

❹
（1） 頂点Cは，頂点Aから横に15cm，たてに20cm，上に０cmの位置の点なので，

（横15cm，たて20cm，高さ０cm）と表すことができます。

（答え）（横15cm，たて20cm，高さ０cm）

（2） 頂点Eは，頂点Aから横に０cm，たてに０cm，上に９cmの位置の点なので，

（横０cm，たて０cm，高さ９cm）と表すことができます。

（答え）（横０cm，たて０cm，高さ９cm）

②−1

小数のかけ算とわり算

P54，55

【解答】

❶（1）73.6 　　（2）7.42
❷（1）1.54 　　（2）5.77
　（3）5.9あまり0.053
❸（1）29.6cm² 　（2）8.6cm
❹（1）7.31kg
　（2）7ふくろできて0.2kgあまる

❶

（1）

$$
\begin{array}{r}
9.\boxed{2} \cdots\text{1けた} \\
\times\qquad 8 \\
\hline
7\,3.\boxed{6} \cdots\text{1けた}
\end{array}
$$

（答え）　　73.6

（2）

$$
\begin{array}{r}
5.\boxed{3} \cdots\text{1けた} \\
\times\;1.\boxed{4} \cdots\text{1けた} \\
\hline
2\,1\,2 \\
5\,3\quad \\
\hline
7.\boxed{4}\,\boxed{2} \cdots\text{2けた}
\end{array}
$$

（答え）　　7.42

❷

（1）

$$
\begin{array}{r}
1.5\,4 \\
6\,)\overline{9.2\,4} \\
6\quad\quad \\
\hline
3\,2\quad \\
3\,0\quad \\
\hline
2\,4 \\
2\,4 \\
\hline
0
\end{array}
$$

（答え）　　1.54

（2）

$$
\begin{array}{r}
5.7\,\overset{7}{\cancel{6}}\,\cancel{9} \\
3.9\,)\overline{2\,2.5} \\
1\,9\,5\quad \\
\hline
3\,0\,0 \\
2\,7\,3 \\
\hline
2\,7\,0 \\
2\,3\,4 \\
\hline
3\,6\,0 \\
3\,5\,1 \\
\hline
9
\end{array}
$$

0をつけたして、わり算を続ける

（答え）　　5.77

（3）

$$
\begin{array}{r}
5.9 \\
0.7\,3\,)\overline{4.3\,6} \\
3\,6\,5\quad \\
\hline
7\,1\,0 \\
6\,5\,7 \\
\hline
0.0\,5\,3
\end{array}
$$

あまりの小数点は、もとの小数点にそろえてうつ

←0をつけたして、わり算を続ける

（答え）　　5.9あまり0.053

❸

（1）　$3.7 \times 8 = 29.6$

$$
\begin{array}{r}
3.\boxed{7} \cdots\text{1けた} \\
\times\qquad 8 \\
\hline
2\,9.\boxed{6} \cdots\text{1けた}
\end{array}
$$

（答え）　　29.6cm²

（2）　$31.82 \div 3.7 = 8.6$

$$
\begin{array}{r}
8.6 \\
3.7\,)\overline{3\,1\,8.2} \\
2\,9\,6\quad \\
\hline
2\,2\,2 \\
2\,2\,2 \\
\hline
0
\end{array}
$$

（答え）　　8.6cm

❹

（1）　「0.85倍」は「0.85個分」のことなので、かけ算で求めます。

$8.6 \times 0.85 = 7.31$

$$
\begin{array}{r}
8.\boxed{6} \cdots\text{1けた} \\
\times\;0.\boxed{8}\boxed{5} \cdots\text{2けた} \\
\hline
4\,3\,0 \\
6\,8\,8\quad \\
\hline
7.\boxed{3}\boxed{1}\boxed{0} \cdots\text{3けた}
\end{array}
$$

（答え）　　7.31kg

（2）　ふくろの数は整数なので、商を一の位まで求めて、あまりを出します。

$8.6 \div 1.2 = 7$ あまり 0.2

$$
\begin{array}{r}
7 \\
1.2\,)\overline{8.6} \\
8\,4 \\
\hline
0.2
\end{array}
$$

（答え）　7ふくろできて
0.2kgあまる

2−2
体積

P58, 59

解答

❶（1）**125cm³** （2）**84cm³**
❷**180cm³**
❸（1）**3000000** （2）**8**
❹（1）**180L** （2）**45cm**

解説

❶
（1） 立方体の体積＝1辺×1辺×1辺
　　 なので，
　　　　5×5×5＝125 **（答え）125cm³**

（2） 直方体の体積＝たて×横×高さ
　　 なので，
　　　　3×7×4＝84 **（答え）84cm³**

❷
　　 下の図のように，2つの直方体に分
　　けて考えると，
　　　　4×3×3＋4×9×4＝180

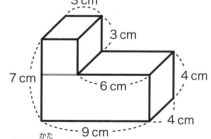

[別の解き方1]
　　 大きい直方体から小さい直方体を切
　　り取った形と考えると，

4×9×7−4×6×3＝180

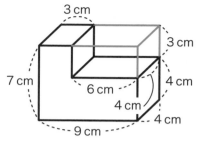

（答え）　　**180cm³**

❸
（1）　1m³＝1000000cm³なので，
　　 3m³＝3000000cm³
　　　　　　（答え）**3000000**

（2）　1000cm³＝1Lなので，
　　 8000cm³＝8L　（答え）　**8**

❹
（1）　水の高さは50cmなので，入って
　　 いる水の体積は，
　　　　60×60×50＝180000
　　　　180000cm³＝180L
　　　　　　　（答え）　**180L**

（2）

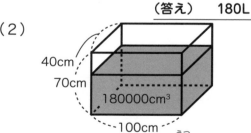

　　 図2の水そうに水を移したときの
　　水の深さを□cmとすると，
　　40×100×□＝180000と表すこと
　　ができます。□にあてはまる数は，
　　180000÷4000＝45
　　　　　　　（答え）　　**45cm**

2=3

合同な図形と角

P62, 63

解答

❶ あとえ

❷（1）頂点D　　　（2）8 cm
　（3）30°

❸（1）94°　　　（2）52°
　（3）133°　　　（4）124°

❹ 540°

解説

❶

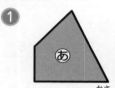

回して向きを合わせる

ぴったり重ねることができるのは，あとえです。　　　（答え）　あとえ

❷
（1）頂点Aと頂点D，頂点Bと頂点E，頂点Cと頂点Fがそれぞれ対応しています。　　　（答え）　頂点D

（2）辺DEは辺ABと対応しているので，辺ABと長さが等しいです。
　　　（答え）　　　8 cm

（3）角Eは角Bと対応しているので，角Bと大きさが等しいです。
　　　（答え）　　　30°

❸
（1）三角形の3つの角の大きさの和は180°なので，
　　180°−（52°+34°）=94°
　　　（答え）　　　94°

（2）

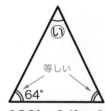

等しい

64°

二等辺三角形の残りの角の大きさは64°なので，
180°−64°×2 =52°
　　　（答え）　　　52°

（3）平行四辺形の向かい合う角の大きさは等しいので，47°の角と向かいの角の大きさも47°，うと向かい合う角の大きさはうと等しいです。四角形の4つの角の大きさの和は360°なので，
　　（360°−47°−47°）÷2 =133°
　　　（答え）　　　133°

（4）

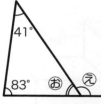

41°

83°　お　え

三角形の3つの角の大きさの和は180°なので，おの角の大きさは，
180°−（41°+83°）=56°
えの角の大きさは，
180°−56°=124°　（答え）　124°

❹
五角形は，対角線で3つの三角形に

分けられるので，5つの角の大きさの
和は，三角形の角の和3つ分になりま
す。

$180° × 3 = 540°$

（答え）　540°

(2=4)
整数

P66，67

解答

① (1) **偶数**（ぐうすう）　34，108，222

　　　奇数（きすう）　5，47，689

　(2) 25個（こ）

② (1) 5423　　　(2) 2354

③ (1) 6個　　　(2) 420

④ (1) 20まい　　　(2) 14人

解説

①

(1) 偶数は2の倍数（ばいすう）で，一の位の数が，
0，2，4，6，8の数です。奇数は2
の倍数より1大きい数で，一の位（くらい）の
数が，1，3，5，7，9の数です。

（答え）**偶数**　34，108，222

　　　　　奇数　5，47，689

(2) 偶数と奇数は1つおきにあるので，
50個の数のうち，半分は奇数になり
ます。

$50 ÷ 2 = 25$　（答え）　25個

②

(1) 数が大きい順（じゅん）に左からならべます。
一の位の数は奇数になるようにしま
す。

$\boxed{5}\boxed{4}\boxed{2}\boxed{3}$　③残りの2，3の
　　　　　　　　うち，奇数

　　　　④最後に残った数

②残りの2，3，4の
うち，もっとも大きい数

①もっとも大きい数　（答え）　5423

(2) 数が小さい順に左からならべます。
一の位の数は偶数になるようにしま
す。

$\boxed{2}\boxed{3}\boxed{5}\boxed{4}$　③残りの4，5の
　　　　　　　　うち，偶数

　　　　④最後に残った数

②残りの3，4，5の
うち，もっとも小さい数

①もっとも小さい数　（答え）　2354

③

(1) 50の約数（やくすう）は，1，2，5，10，25，
50の6個です。（答え）　6個

(2) 15の倍数　15，30，45，⑥⑩，…
20の倍数　20，40，⑥⑩，…
15と20の最小公倍数（さいしょうこうばいすう）は60です。
15と20の公倍数は，60の倍数です。
60の倍数は，60，120，180，240，
300，360，420，480…で，このう
ち，400にもっとも近いのは，420
です。　（答え）　420

（1）　できるだけ小さい正方形にするには，1辺（べん）の長さを8と10の最小公倍数（さいしょうこうばい・すう）にします。

　　8の倍数　8, 16, 24, 32, ㊵, …
　　10の倍数　10, 20, 30, ㊵, 50, …
　　8と10の最小公倍数は40です。
　　タイルについて，たてに40÷8＝5で5まい，横（よこ）に，40÷10＝4で4まいならべることになるので，5×4＝20で，全部（ぜんぶ）で20まい使（つか）います。

（答え）　　　20まい

（2）　りんごとみかんを同じ数ずつあまりなく配（くば）ることができる人数は，56と98の公約数（こうやくすう）です。

　　56の約数は，1，2，4，7，8，14，28，56，98の約数は，1，2，7，14，49，98より，できるだけ多くの人に配るとき，最大公約数の14が人数となります。

（答え）　　　14人

②−5

分数のたし算とひき算
P70, 71

解答

①（1）$1\frac{3}{4}$　　　　（2）$4\frac{2}{5}$

②（1）$\frac{9}{7}$　　　　（2）$\frac{19}{6}$

③（1）$1\frac{4}{15}\left(\frac{19}{15}\right)$　　（2）$\frac{1}{2}$

④（1）$\frac{5}{6}$　　　　（2）$1\frac{19}{24}\left(\frac{43}{24}\right)$

⑤（1）$5\frac{29}{30}\left(\frac{179}{30}\right)$L　（2）$1\frac{13}{30}\left(\frac{43}{24}\right)$L

解説

①
　仮分数（か・ぶんすう）を帯分数（たいぶんすう）になおすときは，分子を分母でわります。商が帯分数の整（せい）数の部分になり，あまりが帯分数の分子になります。

（1）　7÷4＝1あまり3　なので，

　　$\frac{7}{4}=1\frac{3}{4}$　　　（答え）　$1\frac{3}{4}$

（2）　22÷5＝4あまり2　なので，

　　$\frac{22}{5}=4\frac{2}{5}$　　　（答え）　$4\frac{2}{5}$

②
　帯分数を仮分数になおすときは，分母に整数の部分をかけて，積（せき）に分子をたします。

（1）　7×1＋2＝9　なので，

分母→
　　$1\frac{2}{7}=\frac{9}{7}$　　　（答え）　$\frac{9}{7}$

（2）　6×3＋1＝19　なので，

分母→
　　$3\frac{1}{6}=\frac{19}{6}$　　　（答え）　$\frac{19}{6}$

③

分母はそのままにして，分子だけを
計算します。

（1）　$\dfrac{8}{15}+\dfrac{11}{15}=\dfrac{19}{15}=1\dfrac{4}{15}$

（答え）　　$1\dfrac{4}{15}\left(\dfrac{19}{15}\right)$

（2）　$1\dfrac{1}{8}-\dfrac{5}{8}=\dfrac{9}{8}-\dfrac{5}{8}$

　　　$=\dfrac{\overset{1}{\cancel{4}}}{\underset{2}{\cancel{8}}}$　←約分する

　　　$=\dfrac{1}{2}$　　　（答え）　　$\dfrac{1}{2}$

④

通分して計算します。

（1）　$\dfrac{4}{9}+\dfrac{7}{18}=\dfrac{8}{18}+\dfrac{7}{18}$

　9と18の　　$=\dfrac{\overset{5}{\cancel{15}}}{\underset{6}{\cancel{18}}}$　←約分する
　最小公倍
　数は18　　$=\dfrac{5}{6}$　　（答え）　　$\dfrac{5}{6}$

（2）　$2\dfrac{3}{8}-\dfrac{7}{12}=2\dfrac{9}{24}-\dfrac{14}{24}$

　8と12の　　$=1\dfrac{33}{24}-\dfrac{14}{24}$
　最小公倍
　数は24　　$=1\dfrac{19}{24}$

［別の解き方］

$2\dfrac{3}{8}-\dfrac{7}{12}=\dfrac{19}{8}-\dfrac{7}{12}$

　　　　　$=\dfrac{57}{24}-\dfrac{14}{24}$

　　　　　$=\dfrac{43}{24}\left(=1\dfrac{19}{24}\right)$

（答え）　　$1\dfrac{19}{24}\left(\dfrac{43}{24}\right)$

⑤

（1）　$3\dfrac{7}{10}+2\dfrac{4}{15}=3\dfrac{21}{30}+2\dfrac{8}{30}=5\dfrac{29}{30}$

10と15の最小
公倍数は30　（答え）　　$5\dfrac{29}{30}\left(\dfrac{179}{30}\right)$L

（2）　$3\dfrac{7}{10}-2\dfrac{4}{15}=3\dfrac{21}{30}-2\dfrac{8}{30}=1\dfrac{13}{30}$

（答え）　　$1\dfrac{13}{30}\left(\dfrac{43}{30}\right)$L

2-6
平均

P76，77

解 答

❶ 7度
❷（1）14回　　　（2）17回
❸（1）0.63m　　（2）82m
❹ 18点

解 説

❶

平均は，合計÷個数で求めます。

　$(8+7+5+6+9+5+9)\div7$
　$=7$　　（答え）　　7度

❷

（1）　平均は，合計÷個数で求めます。
　　$(10+13+18+15)\div4=14$
　　（答え）　　14回

（2） 平均×個数＝合計なので，4回の
合計は，

$$15×4＝60$$

3回めまでの回数を合計をからひ
くと，4回めの回数が求められます。

$$60−（8＋14＋21）＝17$$

（答え）　　　17回

③

（1）　まず10歩のきょりの平均を求めま
す。6mの部分は同じなので，cmの
単位の平均を求めると，

$$（27＋32＋34）÷3＝31$$より，10歩の
きょりの平均は，6m31cm＝6.31m
です。歩はば（1歩のきょり）は，
$$6.31÷10＝0.631$$なので，四捨五入
して小数第2位までの概数にすると，
およそ0.63mです。

（答え）　　　0.63m

（2）　およそ0.63mの歩はばで130歩歩
くので，

$$0.63×130＝81.9　→　82m$$

（答え）　　　82m

④

第4週までのテストの平均が16点以
上になるためには，4回分のテストの
点数の合計が，16×4＝64で，少なく
とも64点にならなければいけません。
第4週のテストでとればよい点数は，
$$64−（15＋14＋17）＝18$$より，18点と
なります。　（答え）　　　18点

単位量あたりの大きさ

P80, 81

解答

① A市　8600人，B市　8400人，
人口密度が多い市　A市

② （1）自動車Bのほうが1km長い

（2）380km

③ （1）120　　　（2）30

（3）320

④ （1）400m　　　（2）30分

解説

①

人口密度＝人口÷面積なので，

A市　$$3754000÷438＝8570.7…$$
十の位を四捨五入すると，
約8600人です。

B市　$$76000÷9＝8444.4…$$
十の位を四捨五入すると，
約8400人です。

A市のほうが，人口密度が多いです。

（答え）A市　8600人，B市　8400人，

人口密度が多い市　A市

②

（1）　ガソリン1Lあたりで走る道のり
を求めて比べます。

自動車A　$$152÷8＝19$$

自動車B　$$180÷9＝20$$

$$20−19＝1$$より，自動車Bのほう
が1km長いです。

（答え）　自動車Bのほうが1km長い

（2）　自動車Aは1Lのガソリンで
　　　19km走るので，
　　　　19×20＝380　（答え）　380km

③

（1）　1分＝60秒です。秒速2mで1分
　　　間に進む道のりは，2×60＝120な
　　　ので，分速で表すと，分速120mです。
　　　　　　　　（答え）　　120

（2）　1時間＝60分です。分速500mで
　　　60分間に進む道のりは，
　　　500×60＝30000なので，時速で
　　　表すと時速30000mです。30000m
　　　＝30kmなので，時速30kmです。
　　　　　　　　（答え）　　30

（3）　1km＝1000mなので，時速19.2km
　　　は，時速19200mです。
　　　　1時間＝60分です。時速19200m
　　　で1分間に進む道のりは，
　　　19200÷60＝320なので，分速で表す
　　　と，分速320mです。（答え）　320

④

（1）　道のり＝速さ×時間なので，
　　　80×5＝400　（答え）　400m

（2）　2.4km＝2400mです。
　　　時間＝道のり÷速さなので，
　　　2400÷80＝30　（答え）　30分

2−8

割合

P84，85

解答

❶（1）200　　　（2）500
　（3）20
❷（1）72人　　（2）1割6分
❸180cm
❹（1）2600円　（2）2080円

解説

❶

（1）　比べる量＝もとにする量×割合で
　　　す。40%は0.4なので，
　　　500×0.4＝200　（答え）　200

（2）　もとにする量＝比べる量÷割合で
　　　す。60%は0.6なので，
　　　300÷0.6＝500　（答え）　500

（3）　割合＝比べる量÷もとにする量な
　　　ので，
　　　140÷700＝0.2
　　　0.2は20%です。　（答え）　20

❷

（1）　比べる量＝もとにする量×割合で
　　　す。48%は0.48なので，
　　　150×0.48＝72　（答え）　72人

（2）　割合＝比べる量÷もとにする量な
　　　ので，
　　　24÷150＝0.16
　　　0.16は1割6分です。

　　　（答え）　1割6分

③

もとにする量＝比べる量÷割合なので，

144÷0.8＝180　　（答え）180cm

④

（1）

0　　□　　　　2000　（円）
金額

割合
0　　30　　　　100　（％）

比べる量＝もとにする量×割合です。30%は0.3なので，利益は，

2000×0.3＝600

ねだんは，2000＋600＝2600

［別の解き方］

仕入れ額をもとにすると，ねだんの割合は，1＋0.3＝1.3です。比べる量＝もとにする量×割合なので，

2000×1.3＝2600（答え）2600円

（2）

0　　□　　　　2600　（円）
金額

割合
0　　20　　　　100　（％）

比べる量＝もとにする量×割合です。2割は0.2なので，割引き額は，

2600×0.2＝520

割引き後のねだんは，

2600−520＝2080

［別の解き方］

もとのねだんをもとにすると，割引き後のねだんの割合は，

1−0.2＝0.8です。

比べる量＝もとにする量×割合なので，

2600×0.8＝2080（答え）2080円

割合のグラフ

P88，89

解答

① 27%
②（1）3倍　　（2）36人
③（1）15%　　（2）え

解説

①

黄色のチューリップの割合は，目もりの35%から62%までなので，

62−35＝27　　（答え）27%

②

（1）国語と答えた人の割合は，目もりの44%から62%までなので，

62−44＝18で，18%です。

社会と答えた人の割合は，目もりの80%から86%までなので，

86−80＝6で，6%です。

社会と答えた人の割合がもとにする量，国語と答えた人の割合が比べる量なので，

18÷6＝3　　（答え）3倍

（2）算数と答えた人の割合は24%です。比べる量＝もとにする量×割合です。24%は0.24なので，

150×0.24＝36　（答え）36人

③

（1）2013年のピンクの割合は，目も

りの55%から70%までなので，

70－55＝15　　　（答え）　**15%**

（2）あ　割合は同じ17%ですが，もとにする量である1年生の人数がわからないので，人数が同じかどうかはわかりません。正しくありません。

い　2023年で3番めに割合が多いのは，むらさきです。正しくありません。

う　2013年のむらさきの割合は8%，2023年のむらさきの割合は12%なので，12÷8＝1.5です。正しくありません。

え　2013年は，ピンクの割合15%で，赤の割合10%より多く，2023年は，どちらも割合10%です。正しいです。　　（答え）　**え**

2＝10

四角形と三角形の面積

P92，93

解答

❶（1）80cm²　　（2）54cm²

　（3）180cm²　（4）28cm²

❷（1）16cm²　　（2）49cm²

❸80cm²

解説

❶

（1）平行四辺形の面積＝底辺×高さな

ので，10×8＝80　（答え）　**80cm²**

（2）三角形の面積＝底辺×高さ÷2なので，

12×9÷2＝54　（答え）　**54cm²**

（3）台形の面積
＝（上底＋下底）×高さ÷2なので，
（10＋20）×12÷2＝180

（答え）　**180cm²**

（4）ひし形の面積
＝対角線×対角線÷2なので，
8×7÷2＝28　（答え）　**28cm²**

❷

（1）

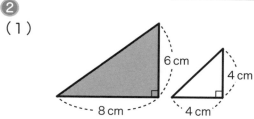

（底辺8cm，高さ6cmの三角形の面積）－（底辺4cm，高さ4cmの三角形の面積）で求められます。

8×6÷2－4×4÷2＝16

[別の解き方]

上の図のように，2つの三角形に分けて考えると，

4×6÷2＋2×4÷2＝16

（答え）　　**16cm²**

（2）

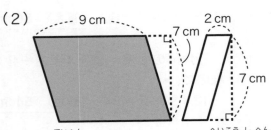

（底辺9cm，高さ7cmの平行四辺形の面積）−（底辺2cm，高さ7cmの平行四辺形の面積）で求められます。

$$9 \times 7 - 2 \times 7 = 49$$

[別の解き方]

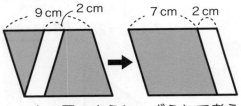

上の図のように，ずらして考えると，1つの平行四辺形になるので，

$$7 \times 7 = 49$$

（答え）　　　49cm²

③

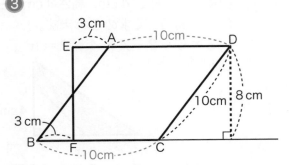

ひし形の4つの辺の長さは等しいので，辺ADと辺BCの長さは10cmです。
ED＝3＋10＝13，FC＝10−3＝7
より，台形EFCDの面積は，
（13＋7）×8÷2＝80

（答え）　　　80cm²

2−11
変わり方
P96, 97

解答

① （1）10　　　（2）○＋□＝15
② （1）36　　　（2）○×6＝△
　　（3）48L
③ （1）56　　　（2）□×8＝△
　　（3）9個
④ ⑤

解説

①

（1）　たての本数が5本のとき，長方形のたての辺は2つあるので，
5×2＝10で，たてにぼうを10本使います。横に使うぼうは，
30−10＝20です。横の辺も2つあるので，20÷2＝10で，横は10本です。　　　（答え）　　10

（2）　たての本数と横の本数の和はいつも15になっているので，
○＋□＝15　（答え）○＋□＝15

❷

（1）（水のかさ）＝6L×（水を入れて
いた時間）なので，
6×6＝36　　　（答え）　　36

（2）水のかさはいつも時間を6倍した
数になっているので，○×6＝△で
す。　　　　　（答え）　○×6＝△

（3）○×6＝△の○に8をあてはめる
と，8×6＝△で，△＝48です。
（答え）　　48L

❸

（1）（全体の高さ）＝（積み木1個の
高さ）×（積み木の個数）より，
8×7＝56　　　（答え）　　56

（2）積み木の高さはいつも積み木の個
数を8倍した数になっているので，
□×8＝△です。
（答え）　□×8＝△

（3）□×8＝△の式の△に72をあては
めると，□×8＝72なので，
72÷8＝9で□＝9です。
（答え）　　9個

❹

「1000」はみずほさんが持っていた
金額，「150」はペン1本のねだんなの
で，「1000－150×○」は，1000円か
らペン○本分のねだんをひいているこ
とがわかります。⑤が正しいです。
（答え）　　　　　⑤

2＝12
正多角形と円

P100，101

解答

❶（1）あ　60°，い　120°
　（2）12cm
❷（1）15.7cm　（2）37.68cm
❸（1）25.12cm　（2）43.96cm
❹（1）25.7cm　（2）33.12cm

解説

❶

（1）あの角の大きさは，360°を6等分
しているので，
360°÷6＝60°
いの角の大きさは，正三角形の角
2つ分なので，
60°×2＝120°
（答え）あ　60°，い　120°

（2）正六角形は円の直径によって，6
つの合同な正三角形に分けられてい
ます。正三角形の辺はすべて等しい
ので，正六角形の1辺の長さは，円
の半径に等しいです。
まわりの長さは，2×6＝12
（答え）　　12cm

❷

（1）円周の長さ＝直径×円周率なので，
5×3.14＝15.7
（答え）　　15.7cm

（2） 直径は半径の2倍なので，
6 × 2 × 3.14 ＝ 37.68

（答え）　　37.68cm

3

（1）　8 × 3.14 ＝ 25.12

（答え）　　25.12cm

（2）　7 × 2 × 3.14 ＝ 43.96

（答え）　　43.96cm

4

（1）

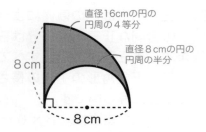

-5 cm-　-5 cm-

半径が5cmの円の直径は
5 × 2 ＝ 10で10cmです。
直径10cmの円の円周の半分と直径
10cmの和となるので，
10×3.14÷ 2 ＋ 10 ＝ 25.7

（答え）　　25.7cm

（2）

直径16cmの円の
円周の4等分

直径8cmの円の
円周の半分

8 cm

8 cm

半径が8cmの円の直径は
8 × 2 ＝ 16で，16cmです。
直径が16cmの円の円周を4等分
した長さと，直径が8cmの円の円
周の半分の長さと，半径8cmの和

となるので，
16×3.14÷ 4 ＋ 8 ×3.14÷ 2 ＋ 8 ＝ 33.12

（答え）　　33.12cm

2－13

角柱と円柱

P104，105

解答

1（1）**五角柱**
　（2）**面　7，辺　15，頂点　10**

2（1）**点キ，点ケ**　（2）**24cm**

3

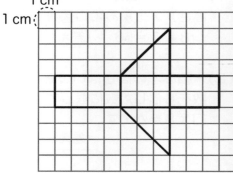

1 cm

1 cm

4（1）**10cm**　　　（2）**25.12cm**

解説

1

（1）

底面が五角形で，
側面が長方形なの
で，五角柱です。

底面

（答え）　　**五角柱**

（2）

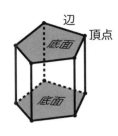

面は，底面が2，側面が5で，全部で7あります。

辺は，底面に5ずつ，2つの底面をつなぐ辺が5で，全部で，

5×3＝15あります。

頂点は，底面に5ずつ，全部で，

5×2＝10あります。

（答え） 面　7，辺　15，頂点　10

②

（1）　組み立てると，下の図のようになります。点アと重なるのは，点キと点ケです。

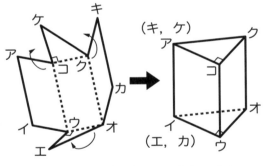

（答え）　　　点キ，点ケ

（2）　直線イカの長さは直線アキの長さと等しいです。辺アコの長さは辺ケコの長さと等しく，辺クキの長さは辺クケの長さと等しいです。

8＋6＋10＝24　**（答え）　24cm**

③

底面である直角三角形1つと，側面の1つであるたて2cm，横3cmの長方形1つをかきたします。

（答え）　　　解答参照

④

（1）　側面の長方形のたての長さが高さになります。**（答え）　　10cm**

（2）

4cm

等しい

ア　　　　　　　　　　　　　イ

10cm

辺アイの長さは，底面の円周の長さに等しいので，

4×2×3.14＝25.12

（答え）　　　25.12cm

算数検定特有問題

P108, 109

解答

1 （1）19番め　　（2）6
2 （1）2　　（2）5, 25
3 （1）6個　　（2）3個
　（3）6個
4 （1）60寸　　（2）5間

解説

1

　次のように，グループに分けて考え
ます。
　　グループ①　1
　　グループ②　1, 2
　　グループ③　1, 2, 3
　　グループ④　1, 2, 3, 4
………

　グループ①には1まい，グループ②
には2まい，グループ③には3まい，
…のカードがあります。このことから
グループ□には□まいのカードがあ
ることがわかるので，グループ⑤には
5まい，グループ⑥には6まいのカー
ドがあることがわかります。

（1）　3回めに4が出てくるのは，
　　グループ⑥です。
　　　グループ①からグループ⑤までの
　　カードのまい数の和は，
　　1＋2＋3＋4＋5＝15で，15まい

です。
　グループ⑥の4は，4番めに出て
くるので，15＋4＝19で，左から
19番めにあることがわかります。

（答え）　　　　19番め

（2）　グループ①からグループ⑦までの
　　カードのまい数の和は，
　　1＋2＋3＋4＋5＋6＋7＝28
　　で，28まいです。
　　　グループ①からグループ⑧までの
　　カードのまい数は，
　　1＋2＋……＋7＋8＝36なので，
　　34番めのカードはグループ⑧にある
　　ことがわかります。
　　　34−28＝6なので，左から34番
　　めのカードは，グループ⑧の6番め
　　のカードで，6です。

（答え）　　　　6

2

（1）　27★5は，27を5でわったとき
　　のあまりを表します。
　　　27÷5＝5あまり2なので，
　　27★5＝2です。

（答え）　　　　2

（2）　29★□＝4は，29を□でわっ
　　たときのあまりが4であることを表
　　しています。商を△とすると，
　　29÷□＝△あまり4です。
　　　わられる数＝わる数×商＋あまり
　　なので，29＝□×△＋4と表すこ
　　とができます。□×△＝25になる

数と考えればよいです。

□×△＝25になる式は，

1×25＝25，5×5＝25，

25×1＝25

です。

□はあまりの4より大きいので，

□，△にあてはまる数を考えると，

⑤×△5＝25と㉕×△1＝25の2

つになります。

わり算の式にもどして考えると，

29÷⑤＝△5あまり4

29÷㉕＝△1あまり4

なので，□にあてはまる数は，5，

25の2つです。

（答え）	5，25

3

1だんずつ分けて，それぞれ上から見た図を考えます。それぞれの積み木のうちいくつの面がぬられているかを書き入れると，次のようになります。

1だんめ

5

2だんめ

2	4
4	

3だんめ

2	1	4
1	3	
4		

4だんめ

2	1	1	4
1	0	3	
1	3		
4			

（1） 4つの面に色がぬられている積み
木の数は，0＋2＋2＋2＝6です。

（答え）	6個

（2） 3つの面に色がぬられている積み
木の数は，0＋0＋1＋2＝3です。

（答え）	3個

（3） 1つの面に色がぬられている積み
木の数は，0＋0＋2＋4＝6です。

（答え）	6個

4

（1） 1間＝6尺で，1尺＝10寸なの
で，1間＝6尺＝（6×10）寸＝60寸
です。

（答え）	60寸

（2） 1m＝100cmなので，

9.09m＝（9.09×100）cm＝909cm

です。1寸＝3.03cmなので，

909cm＝（909÷3.03）寸＝300寸

です。10寸＝1尺なので，

300寸＝（300÷10）尺＝30尺，

6尺＝1間なので，

30尺＝（30÷6）間＝5間です。

（答え）	5間

算数パーク

P32, 33

線結び

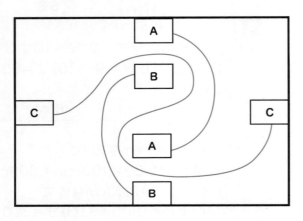

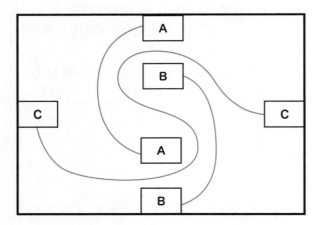

あみだくじ

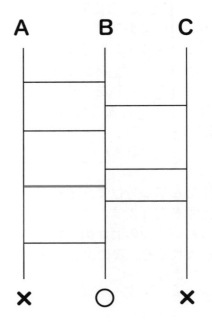

140

算数パーク

P50，51

ひもつなぎ

問題1

問題2

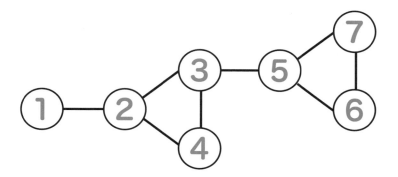

算数パーク

P72, 73

めんせき
面積分けパズル

		2			**3**
		6			
					3
4		**4**		**4**	
	3				**2**
2				**3**	

算数パーク

P106，107

星の形

八角形の星

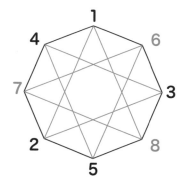

十角形の星

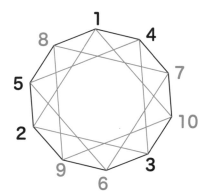

◉執筆協力：梶田 栄里子・功刀 純子
◉DTP：株式会社 明昌堂
◉カバーデザイン：浦郷 和美
◉イラスト：坂木 浩子

◉編集担当：吉野 薫・加藤 龍平・阿部 加奈子

親子ではじめよう 算数検定7級

2024年5月3日 初版発行

編　　者	公益財団法人 日本数学検定協会
発 行 者	髙田 忍
発 行 所	公益財団法人 日本数学検定協会
	〒110-0005 東京都台東区上野五丁目1番1号
	FAX 03-5812-8346
	https://www.su-gaku.net/
発 売 所	丸善出版株式会社
	〒101-0051 東京都千代田区神田神保町二丁目17番
	TEL 03-3512-3256　FAX 03-3512-3270
	https://www.maruzen-publishing.co.jp/
印刷・製本	株式会社ムレコミュニケーションズ

ISBN978-4-86765-012-7　C0041

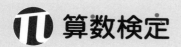

親子ではじめよう

実用数学技能検定® 数検

算数検定

7級

ミニドリル

第 1 回

● 次の計算をしましょう。

(1)　$84 \div 6$

(2)　$155 \div 31$

(3)　$27 + 12 \div 3$

(4)　$31 \times (25 + 14)$

20分で
できるかな？

(5)　2.63＋6.74

(6)　9.38－4.57

(7)　3.8×1.3

(8)　72.6÷7.5

(9) $\dfrac{2}{3} + \dfrac{5}{12}$

(10) $\dfrac{5}{8} - \dfrac{4}{7}$

(11) $\dfrac{1}{2} + \dfrac{2}{3} + \dfrac{1}{6}$

(12) $\dfrac{8}{9} + \dfrac{5}{6} - \dfrac{1}{3}$

● 次の □ にあてはまる数を求めましょう。

(13) 700000000は，1億を □ 個集めた数です。

(14) 0.1を4個と0.01を8個合わせた数は □ です。

(15) 0.415を100倍した数は □ です。

答えは
18ページを
見てね！

第 2 回

● 次の計算をしましょう。

（1） $65 \div 5$

（2） $944 \div 16$

（3） $78 - 14 \times 4$

（4） $98 \div (2 + 5) \times 3$

後ろの解答用紙に答えを書いてみよう！

（5）　3.85＋5.67

（6）　4.23－2.99

（7）　5.5×4.9

（8）　41.6÷6.5

(9) $\dfrac{3}{4} + \dfrac{1}{6}$

(10) $1\dfrac{2}{5} - \dfrac{7}{12}$

(11) $\dfrac{1}{4} + \dfrac{9}{10} + \dfrac{7}{20}$

(12) $\dfrac{13}{14} - \dfrac{1}{2} - \dfrac{1}{7}$

● 次の □ にあてはまる数を求めましょう。

(13)　530000000は，1000万を □ 個集めた数です。

(14)　0.1を6個と0.01を2個合わせた数は □ です。

(15)　90.4を $\frac{1}{100}$ にした数は □ です。

答えは
18ページを
見てね！

第 3 回

● 次の計算をしましょう。

(1) $92 \div 4$

(2) $875 \div 35$

(3) $(26 + 9) \times 6$

(4) $10 + 175 \div 5$

（5）　7.46＋2.23

（6）　5.64－1.7

（7）　6.2×7.1

（8）　89.28÷1.2

(9) $\dfrac{7}{10} + \dfrac{8}{15}$

(10) $\dfrac{8}{9} - \dfrac{5}{6}$

(11) $\dfrac{1}{3} + \dfrac{7}{8} + \dfrac{1}{6}$

(12) $\dfrac{11}{12} - \dfrac{3}{4} + \dfrac{5}{9}$

● 次の □ にあてはまる数を求めましょう。

(13)　300000000は，1000万を □ 個集めた数です。

(14)　0.1を9個と0.01を1個合わせた数は □ です。

(15)　0.12を1000倍した数は □ です。

答えは
18ページを
見てね！

● 次の計算をしましょう。

(1)　96÷8

(2)　759÷23

(3)　168÷(8+4)

(4)　28×5−42÷7

（5）　1.58＋4.83

（6）　8－3.17

（7）　2.4×9.5

（8）　77.52÷8.5

(9) $1\dfrac{4}{9}+\dfrac{4}{15}$

(10) $1\dfrac{2}{5}-\dfrac{9}{20}$

(11) $\dfrac{1}{5}+\dfrac{1}{4}+\dfrac{1}{3}$

(12) $\dfrac{2}{3}+\dfrac{9}{10}-1\dfrac{1}{2}$

● 次の □ にあてはまる数を求めましょう。

(13)　18000000000は，1億を □ 個集めた数です。

(14)　0.1を2個と0.01を5個合わせた数は □ です。

(15)　1118を $\frac{1}{1000}$ にした数は □ です。

答えは
18ページを
見てね！

解答

第 1 回

(1) 14

(2) 5

(3) 31

(4) 1209

(5) 9.37

(6) 4.81

(7) 4.94

(8) 9.68

(9) $1\frac{1}{12}\left(\frac{13}{12}\right)$

(10) $\frac{3}{56}$

(11) $1\frac{1}{3}\left(\frac{4}{3}\right)$

(12) $1\frac{7}{18}\left(\frac{25}{18}\right)$

(13) 7(個)

(14) 0.48

(15) 41.5

第 2 回

(1) 13

(2) 59

(3) 22

(4) 42

(5) 9.52

(6) 1.24

(7) 26.95

(8) 6.4

(9) $\frac{11}{12}$

(10) $\frac{49}{60}$

(11) $1\frac{1}{2}\left(\frac{3}{2}\right)$

(12) $\frac{2}{7}$

(13) 53(個)

(14) 0.62

(15) 0.904

第 3 回

(1) 23

(2) 25

(3) 210

(4) 45

(5) 9.69

(6) 3.94

(7) 44.02

(8) 74.4

(9) $1\frac{7}{30}\left(\frac{37}{30}\right)$

(10) $\frac{1}{18}$

(11) $1\frac{3}{8}\left(\frac{11}{8}\right)$

(12) $\frac{13}{18}$

(13) 30(個)

(14) 0.91

(15) 120

第 4 回

(1) 12

(2) 33

(3) 14

(4) 134

(5) 6.41

(6) 4.83

(7) 22.8

(8) 9.12

(9) $1\frac{32}{45}\left(\frac{77}{45}\right)$

(10) $\frac{19}{20}$

(11) $\frac{47}{60}$

(12) $\frac{1}{15}$

(13) 180(個)

(14) 0.25

(15) 1.118

キリトリ線

（1）		（9）	
（2）		（10）	
（3）		（11）	
（4）		（12）	
（5）		（13）	（個）
（6）		（14）	
（7）		（15）	
（8）			

解答用紙

かいとうようし

(1)		(9)	
(2)		(10)	
(3)		(11)	
(4)		(12)	
(5)		(13)	（個）
(6)		(14)	
(7)		(15)	
(8)			

キリトリ線

キリトリ線

（1）		（9）	
（2）		（10）	
（3）		（11）	
（4）		（12）	
（5）		（13）	（個）
（6）		（14）	
（7）		（15）	
（8）			

（1）		（9）	
（2）		（10）	
（3）		（11）	
（4）		（12）	
（5）		（13）	（個）
（6）		（14）	
（7）		（15）	
（8）			

キリトリ線

算数検定